機械学習がわかる統計学入門

統計学で読み解く
AI、データサイエンス、機械学習
**どんどんわかる、
見えてくる!**

涌井良幸
涌井貞美 著

技術評論社

はじめに

　最近AIという言葉が当然のように用いられています。このAIという言葉が流行り出したのは、2012年、「Google社がディープラーニングを開発した」という報道がきっかけです。「コンピュータが自ら学習し、画像データから自分でネコを認識する」というニュースです。これ以降「AI」が当たり前のように日常的に使われ始めました。その「ディープラーニング」の登場は衝撃的であり、マスコミ界では「ディープラーニング」と「AI」が混乱して使われるようになりました。

　ところで、思い返すと、かなり以前からAIは活躍しています。実際2000年初めに発売された炊飯器の広告には「AI搭載」と表示されています。では、当時のAIといま流行りのAIとは異なるものなのでしょうか？結論からするとほとんど同じです。

　現在、社会で活躍している多くのAIのしくみの正体は「機械学習」です。「機械学習」とはデータから学ぶ余地を残したコンピュータシステムのことです。たとえば、先に挙げたディープラーニングはデータから学ぶ余地が主要部分を占めているコンピュータシステムなのです。

　さて、AIを支えている機械学習のしくみは、何が基本なのでしょうか。その太い柱になるのが統計学です。特に多変量解析やベイズ統計学と呼ばれる統計理論が用いられています。

　統計学は紀元前に生まれたデータ分析の学問です。コンピュータが生まれる以前から、社会や自然の理解のために用いられてきました。データ分析の大長老なのです。

　本書は、この統計学について、現代の機械学習との関係を考えながら、解説した入門書です。その「統計学と機械学習」の関係が把握できれば、機械学習の理解は大変容易になるはずです。本書が、その理解に寄与できれば幸甚です。

　最後になりましたが、本書の企画から上梓まで一貫してご指導くださった技術評論社の渡邉悦司氏にこの場をお借りして感謝の意を表させていただきます。

2021年7月　著者

目　次

1章

統計学と機械学習

2章

データサイエンスの基本

3章

「教師あり」機械学習と統計学

本書の使い方

● 本書はデータサイエンスで用いられる機械学習と統計学のしくみについて解説しています。

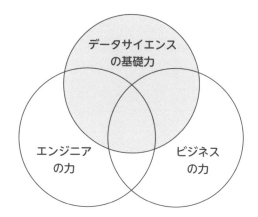

データサイエンスに求められる3つの力（データサイエンティスト協会より）。そのうち、本書はデータサイエンスの基礎理論の理解を目的とする。

● 「しくみ」がわかることを目的としているので、図を多用し、具体例で解説しています。そのため、数学的な厳密性に欠ける箇所があることはご容赦ください。

● 実際の計算にはExcelを利用しています。直感的に理解しやすいからです。ただし、Excelに触れた経験がなくても、数学的な「しくみ」の部分は理解できるように解説しています。
（注）ExcelはExcel2013以降のバージョンを仮定しています。

● 小数の表記においては、理論の概要が見やすいように、適当な位で四捨五入しています。そこで、掲載されている数値の関係に多少の齟齬が発生する場合があります。

● ソルバーを利用したExcelワークシートでは、計算結果のみを示しています。アレンジの際にはパラメータの初期設定に注意してください。

● 本書は統計的な推定や検定をテーマにしていません。そこで、分散や共分散の計算式には、母集団を対象にする式を利用しています。

Excel サンプルファイルのダウンロードについて

　本文中で使用する Excel のサンプルファイルをダウンロードすることができます。手順は次のとおりです。

❶ https://gihyo.jp/book/2021/978-4-297-12219-5 にアクセス

❷ 本書のサポートページをクリック

❸ 説明にしたがってサンプルファイルをダウンロードし、任意の場所に保存

■ サンプルファイルの内容

項目名	ページ	ファイル名	概要
2章の内容を Excel で確認	P21〜	20X.xlsx	データサイエンスの基本的な内容の解説。Xは2章のセクション番号。
3章の内容を Excel で確認	P53〜	30X.xlsx	教師あり学習の解説。Xは3章のセクション番号。
4章の内容を Excel で確認	P131〜	40X.xlsx	教師なし学習の解説。Xは4章のセクション番号。

注 意

- ソルバーでパラメータを決定する箇所では、すでに最適化された値が設定されています。確認の際には、その初期値を適宜変更してください。
- 本書は、Excel2013以降のバージョンで執筆しています。
- ダウンロードファイルの内容は、予告なく変更することがあります。
- ファイル内容の変更や改良は自由ですが、サポートは致しておりません。

1章

統計学と
機械学習

AI（人工知能）を支える機械学習は、データ分析という
点で、統計学と多くの共通点を持ちます。そこで、統計学
と機械学習は並列して理解しておくことが望まれます。近
年「データサイエンス」という言葉がよく用いられますが、
それを支えるのが統計学と機械学習であり、それらの関係
を理解しておくことは大切です。

1 統計学と機械学習の関係

　統計学と機械学習の関係を調べましょう。AI（人工知能）が活躍する現代、それを支える機械学習は統計学と密接に関係しています。

(注) 以降では、人工知能を単にAIと略記します。

▌統計と統計学

　最初に**統計**とは何かについて調べてみましょう。「統計の言葉について100人に問い合わせると、100様の回答が得られる」といわれます。統計は実用的なデータ分析の武器であり、利用している分野によってそのイメージが異なるのはしかたのないことでしょう。そこで、標準的な意味を知るために、辞書を調べてみましょう。

　「集団における個々の要素の分布を調べ、その集団の傾向・性質などを数量的に統一的に明らかにすること。また、その結果として得られた数値」（広辞苑）

　「集団現象を数量的に把握すること。一定集団について、調査すべき事項を定め、その集団の性質・傾向を数量的に表すこと」（大辞林）

　他の辞書を引いても、言い回しは異なりますが、同様に解説されています。共通なのは、調べたい「集団」の「傾向」や「性質」を「数量的」に明らかにするということです。

　この統計を手掛ける学問が**統計学**です。分野として、右の図に示すようなものが代表的です。

(注) 推定・検定、多変量解析、ベイズ統計学をまとめて**数理統計学**と呼びます。

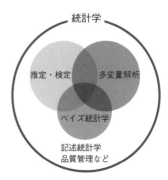

　この図に示された各論について調べてみましょう。

　記述統計学は小学校の教科書にも記載されて

いる統計学です。グラフや代表値で集団の性質を明らかにする統計学をいいます。

たとえば、次の図は気温データから、折れ線グラフを作成しています。このように、データを分かりやすい数値や図形に置き換えるのが記述統計学の役割です。

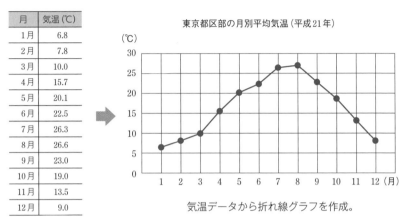

月	気温 (℃)
1月	6.8
2月	7.8
3月	10.0
4月	15.7
5月	20.1
6月	22.5
7月	26.3
8月	26.6
9月	23.0
10月	19.0
11月	13.5
12月	9.0

気温データから折れ線グラフを作成。

(出典) 東京都の Web ページより。

推定・検定は、母集団から抽出された標本を利用して、その母集団の性質を推測する統計学です。高校数学の教科書や大学の標準的な講義で解説される統計学です。後に調べるベイズ統計学と区別して、**頻度論**とも呼ばれます。標本を高頻度で抽出できることを前提とした統計学だからです。

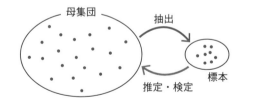

推定・検定のイメージ。

多くの場合、以上の記述統計学と推定・検定が標準的な統計学のテーマになります。しかし、それらは本書の中心テーマではありません。本書のテーマの中心は「多変量解析」と「ベイズ統計学」です。

多変量解析は複数の調査項目があるデータを分析対象にします（これらの項目を**変量**、または**変数**といいます）。そこで利用されるデータ分析の技法は、ほぼ

すべてが機械学習で利用されます。

「多変量解析」はデータ分析の世界では大変よく利用されている統計ツールです。たとえば、回帰分析がその代表です（下図）。与えられたデータから特定の変量を説明する1次式を求め、その式からデータの性質を分析したり、将来を予測したりする統計技法です。

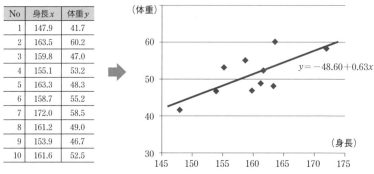

No	身長x	体重y
1	147.9	41.7
2	163.5	60.2
3	159.8	47.0
4	155.1	53.2
5	163.3	48.3
6	158.7	55.2
7	172.0	58.5
8	161.2	49.0
9	153.9	46.7
10	161.6	52.5

$$y = -48.60 + 0.63x$$

回帰分析は多変量解析の中で最も有名。この例では、10人の女子大生の身長と体重のデータ（左の表）を1本の直線（1次式）で表現する（右の図）。

ベイズ統計学は「ベイズの定理」と呼ばれる簡単な1つの公式を出発点としてデータ分析を行う統計学です。確率論を直接利用するので、慣れるには多少時間を要する統計学ですが、機械学習で大いに活躍します。

▎機械学習とは

機械学習はAI（すなわち人工知能）を支えるデータ応用技術です。「統計」の言葉と同様、この「機械学習」についても、その定義はいろいろです。ここでは、よく引用されるサミュエル（A. L.Samuel）の定義を紹介しましょう。サミュエルは米国のコンピュータ科学者で、AIの草分けの一人として有名です。

The field of study that gives computers the ability to learn without being explicitly programmed.

（明示的にプログラミングすることなく、コンピュータに学ぶ能力を与えることを目的とする研究分野）

　機械学習というアイデアが生まれる以前、コンピュータの動作はすべて人が決定していました。それに対して、機械学習はデータから学習する能力をコンピュータに持たせ、コンピュータ自ら動作を実行できるようにしたのです。

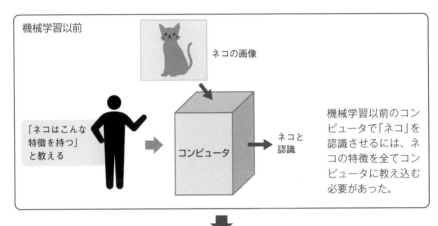

機械学習以前

ネコの画像

「ネコはこんな特徴を持つ」と教える

コンピュータ

ネコと認識

機械学習以前のコンピュータで「ネコ」を認識させるには、ネコの特徴を全てコンピュータに教え込む必要があった。

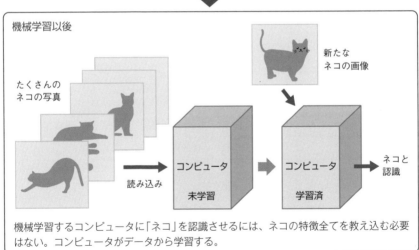

機械学習以後

たくさんのネコの写真

読み込み

コンピュータ
未学習

コンピュータ
学習済

新たなネコの画像

ネコと認識

機械学習するコンピュータに「ネコ」を認識させるには、ネコの特徴全てを教え込む必要はない。コンピュータがデータから学習する。

メモ→機械学習と統計学の歴史

　機械学習はコンピュータとともに発展してきました。統計学は古代ローマから始まるといわれます。データ分析において、統計学は機械学習よりもかなり先輩なのです。

　機械学習は現代AIを支える華の分野です。それは次のような包含関係を持ちます。

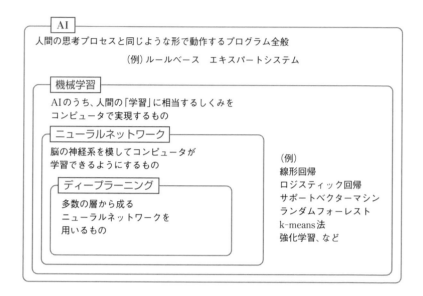

　図の中にあるAI、機械学習、ニューラルネットワーク、ディープラーニングについて、ここで簡単にまとめておきましょう。

AIの種類	内容
AI	人間が知的と感じる情報処理・技術全般。
機械学習	AIのうち、人間の「学習」に相当するしくみを（一部）コンピュータで実現するもの。
ニューラルネットワーク	脳の神経細胞のネットワークを真似て知能を実現しようとする機械学習。
ディープラーニング（深層学習）	機械学習のうち、多数の層から成るニューラルネットワークを用いるもの。パターン／ルールを発見する上で何に着目するか（特徴量）を自ら抽出することが可能となる。

　この表の中で、近年話題に上るのが**ディープラーニング**です。先にも述べたように、2012年、米国Google社は「人の助けなく、AIが自発的に猫を識別するこ

とに成功した」と発表しました。この発表論文は、後に、AIの世界で**キャット
ペーパー**と呼ばれるようになります。それがきっかけとなり、AIが大ブレイク
したのです。このディープラーニングも機械学習のひとつとして位置づけられて
います。

▌統計学と機械学習の関係

　語感からすると、「統計学」と「機械学習」とは全く異なります。実際、その出
自をたどると、異なるルーツを持っています。統計学は統計の研究のために生ま
れました。機械学習はコンピュータサイエンスから生まれました。

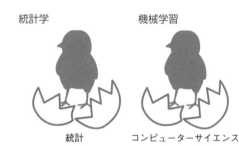

「統計学」と「機械学習」は
違う世界の産物。

　しかし、データを対象にするという点では、大変似通った研究手法です。実
際、使う道具と手順はほぼ一致します。本書の目的はこの共通の道具を調べるこ
とです。

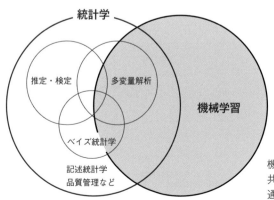

機械学習は統計学とは多くの分野で
共通点がある。データ分析という共
通の課題を持つからである。

2 機械学習と統計学が対象とする データの違い

データ分析に対するアプローチは機械学習と統計学はほぼ同じです。しかし、データ取得という観点から見ると、大きく異なります。

▌統計学のためのデータ

統計学が対象にするデータについて調べましょう。統計学は目的に応じて収集されたデータを処理するのが基本になります。このことを次の例で調べてみましょう。

> 例 日本の「少子化」について統計分析する手順を考えてみよう。

「少子化」が叫ばれている現代、結婚している夫婦が持つ子供の人数が実際に低下していることが正しいかは、検証してみなければ判断が下せません。統計学は、次のような手順に従い、その検証を行います。

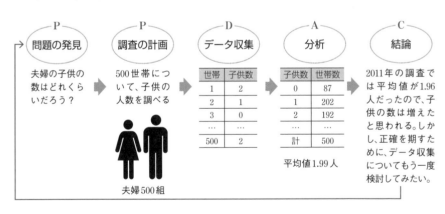

右端の「結論」の後には、再び左端の「問題の発見」に戻り、検討を進めます。すなわち検証のサイクルを作るのです。これを**PPDACサイクル**と呼びます。統

計分析の際の典型的な手順です。

　この例が示すように、統計学が扱う「データ」はあらかじめ目的が定められたデータであることが普通です。

■ 機械学習のためのデータ

　機械学習が対象にするデータについて調べましょう。機械学習が扱うデータは、統計学とは異なり、最初から目的をもって入手したものとは限りません。例として「ビッグデータ」を考えます。

　機械学習が脚光を浴びている理由のひとつに、「**ビッグデータに対応できる**」という点があります。ビッグデータとはデータ容量がまさにビッグ（膨大）ということです。

　世界にはデータが溢れ、日々増殖しています。実際、現代社会は、人の想像を超えた桁違いのデータ量に直面しているのです（下図）。

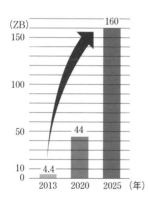

世界で生成されるデータ量の予測（KDDIのWebページから）。2020年には44ZB（ゼタバイト）の情報が世界に流通したと予想されている。ちなみに、全宇宙に存在する星の数はおよそ20ゼタバイトといわれる（「ゼタ」は10^{21}のこと）。

　このように膨大なデータを整理し、そこから新しい関係や知識を得て応用しようとするのが「ビッグデータ」と呼ばれる分野です。人が扱うには余りにビッグなので、AIの能力が期待されている分野です。そのAIを支えるのが機械学習です。

　以上の話の流れからわかるように、「ビッグデータ」が対象にするデータは、初めから目的を持って収集されていることは稀です。データが存在するから、それを分析しようというスタンスをとるのです。

▍統計学と機械学習の違い

　以上で調べたデータの性質からわかるように、統計学と機械学習のデータ分析の目標は異なります。統計学は仮説や推定を確かめるためにデータを集め解析を行います。それに対して、機械学習はデータから出発し、そこから規則性や特徴量を探し、AIとして応用するのです。

　とはいえ、「データを分析する」という点では、統計学も機械学習も同じです。当然、利用する数学的な手法も一致します。先にも述べたように、この一致する手法について解説するのが本書の目的となります。

　統計学の手法と同じ分析法を利用する機械学習を**統計的機械学習**と呼びます。本書の目的とする機械学習の分野です。

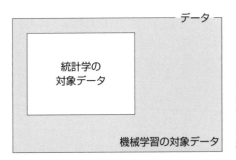

この図のようなデータの包含関係があるので、統計学の技法は機械学習でも利用できる。この共通する技法を、機械学習の分野では「統計的機械学習」と呼ぶ。

(注) 機械学習には、統計的機械学習以外にも、**強化学習**など、いくつかの学習法があります。

メモ ● データは21世紀の石油

　21世紀は「**データの世紀**」と呼ばれます。「**データは21世紀の石油**」とも言われます。**GAFA**と呼ばれる米国のIT巨大企業が、データを集める力で富を増やしていることを見ると、このような表現が大げさではないことが分かります。そして、これらの企業はAIを用いて、さまざまな情報分析を行い、新たな戦略を見つけ出しています。そのAIを支えるデータ分析技法が機械学習です。

3 教師あり学習と教師なし学習

　機械学種の代表的な分類として「教師あり学習」と「教師なし学習」の2分類があります。これら2つと統計学との関係について調べましょう。

(注) 機械学習には、他に「強化学習」などがありますが、本書では扱いません。

▌モデルとパラメータ

　本論に入る前に、まず機械学習や統計学でいう「モデル」と「パラメータ」について調べましょう。

　データの分析を行うには、データの構造に対して数学的な**モデル**を仮定するのが普通です。そして、数学的モデルは**パラメータ**と呼ばれる定数で定められるのが一般的です。次の2つの例で確かめてください。

例1 1枚のコインを投げたときに得られる表裏の現れるデータを調べるとき、「データは『表の出る確率』pで規定される」という「モデル」を仮定します。このとき、「表の出る確率」pがモデルを定める「パラメータ」となります。

例2 小学生男子10人の身長から全国の小学生男子の平均身長を推定するとき、「身長xは正規分布に従う」と仮定しましょう。この「正規分布に従う」という仮定が分析の「モデル」になります。

　ところで、正規分布は平均値μと分散σ^2で定められます（2章§6）。これらμ、σ^2がモデルを定める「パラメータ」となります。

表の出る確率はp

pがパラメータ

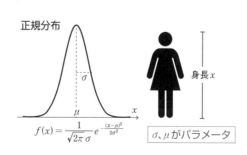

正規分布

$$f(x) = \frac{1}{\sqrt{2\pi}\,\sigma} e^{-\frac{(x-\mu)^2}{2\sigma^2}}$$

身長x

σ、μがパラメータ

このように、パラメータを利用してデータ分析を進める技法を**パラメトリック**な手法といいます。

(注) パラメータを仮定しないデータ分析法もあります。それを**ノンパラメトリック**な手法といいます。

パラメータはデータを利用して決定されます。すなわち、与えられたデータを説明できるよう、数学とコンピュータを武器にして値が決められるのです。

▌外的基準

統計学において、数学的なモデルのパラメータを決定する際、データに対して2つのタイプの接し方があります。ひとつは**外的基準**を仮定する場合、もうひとつは仮定しない場合の2タイプです。

右のデータを例にして、この2つの違いを調べてみましょう。

このデータは10人の男子大学生について、ウエストw、身長x、体重yを調べたものです。このデータに対して、次の2例を考えてみます。

No	ウエスト w	身長 x	体重 y
1	67	160	50
2	68	165	60
3	70	167	65
4	65	170	65
5	80	165	70
6	85	167	75
7	78	178	80
8	79	182	85
9	95	175	90
10	89	172	81

例3 体重yをウエストw、身長xの1次式で表してみましょう。

これは次の方程式(1)として得られます。

$y = -166.36 + 0.71w + 1.08x \cdots (1)$

(注) 重回帰分析と呼ばれる分析法を用います。3章§2で解説します。

この **例3** では、体重yが他の2項目w、xで表現されています。体重yを基準とし、そのyに合致するようにw、xの式を定めるのです。このように基準になる変量を仮定するデータへの対応のしかたを「外的基準がある」といいます。

(注) 外的基準になる変量(変数)を**基準変量**(または**基準変数**)といいます。また、分析目標になるので、**目的変量**(または**目的変数**)とも呼びます。

例4 ウエストw、身長x、体重yを集約する1次式の変数uを求めましょう。

答として次の式(2)が得られます。この新変数uは「体格」を表す変数と考え

られます。

$$u=0.56w+0.33x+0.76y \cdots (2)$$

(注) 主成分分析と呼ばれる分析法を利用します。4章 §3で解説します。

この **例4** では、データの中の3項目 w、x、y は数学的にどれも対等に扱われています。このようなデータへの対応のしかたを「外的基準はない」といいます。

┃ 教師あり学習と教師なし学習

本節のテーマである「教師あり学習」と「教師なし学習」について調べましょう。

機械学習では、データからモデルのパラメータを決定することを**学習**といいます。そして、パラメータの値を決定するためのデータを**訓練データ**といいます。

(注)「訓練データ」は**学習データ**とも呼ばれます。

この学習法の大分類として、**教師あり学習**と**教師なし学習**があります。2つの学習法の違いを「識別問題」という具体例で調べてみます。

いま、ネコと鳥の画像からなるデータがあるとしましょう。そして、各画像には「ネコ」と「鳥」という識別名がついているとします（識別名を**正解ラベル**といいます）。

これら「正解ラベル」を頼りに、識別のためのパラメータを決定する学習方法が**教師あり学習**です。有名な機械学習の多くはこのタイプです。

各要素に正解ラベルが付いた訓練データを利用する学習法が**教師あり学習**。

それに対して、ネコと鳥の画像からなるデータがあっても、訓練データに正解ラベルがない場合があります。

このように「正解ラベル」のないデータから、ネコと鳥とを識別する学習方法

が**教師なし学習**です。

正解ラベルのない訓練デー
タを利用して学習するのが
教師なし学習。

▌外的基準と教師あり学習

　機械学習の世界で、教師あり学習・教師なし学習という区別は、大きな分類と
して大切にされます。ところで、先に見たように、統計学的には「**外的基準の有
無**」という昔からの分類法であり、目新しいものではありません。統計学は紀元
前から研究されている分野であり、データ分析という観点からすると、機械学習
よりも一日の長があります。言葉の使い方や数学的な抽象化は、先輩の統計学の
方が洗練されている点が多いといえるでしょう。本書の目標は、モダンな機械学
習を伝統ある統計学の手法と融合することです。

メモ → 統計と統計学

　統計は英語でstatistics。日本の政治や経済に導入されたのは明治初めです。ところで、
面白いことに、statisticsをだれが「統計」と訳したかは定かではありません。よく言われて
いるのは「柳河春三」(やながわ・しゅんさん)という数学者ではないかということですが、
確定はしていません。
　ちなみに福沢諭吉はstatisticsを「政表」と訳しました。しかし、それは定着しませんで
した。
　さて、統計も統計学も英語でstatisticsと訳されます。確かに、統計と統計学とは、日本
でも明確に区別していないところがあります。

2章

データサイエンスの
基本

統計学も機械学習も、近年では「データサイエンス」と
いう言葉でくくられることが多くなっています。そのデー
タサイエンスで必要になる基本用語と、利用される公式に
ついて調べることにしましょう。

1 データについての言葉

　統計学と機械学習は**データサイエンス**という言葉でくくられることが多くなりましたが、基本はデータを分析し応用することです。そのデータの世界で利用される基礎的用語について調べましょう。

▌構造化データと非構造化データ

　データの形式的な大分類として、**構造化データ**と**非構造化データ**という分類があります。前者を**定型データ**、後者を**非定型データ**ともいいます。

データ形式	説明	例
構造化データ	形式的に整理して収められたデータ。検索、集計が容易。Excelに収められたデータは通常このタイプ。	多くのデータベースの内容（顧客情報や在庫情報など）
非構造化データ	文書や動画などのように、定型的に扱えないデータ。Web上のデータの多くはこのタイプ。	文書、SNS上のデータ、ビッグデータの多く

　コンピュータの普及期には、扱われるデータのほとんどは構造化データでした。しかし現在では、非構造化データが大半を占めています。

▌量的データと質的データ

　構造化データにおいて、値の測り方から見て、次の4つの尺度による分類があります。

		意味	例
質的データ	名義尺度	名義的に数値化を施す尺度	男を1に、女を2に数値化
	順序尺度	順序に意味がある尺度	「好き」を1、「それほどでもない」を2、「嫌い」を3に数値化
量的データ	間隔尺度	数の間隔に意味がある尺度	部屋の温度計の示す温度
	比例尺度	数値の差と共に、数値の比にも意味がある尺度	長さ、重さ、時間

下図は、ある会社の従業員のデータについて、数値の尺度を例示しています。

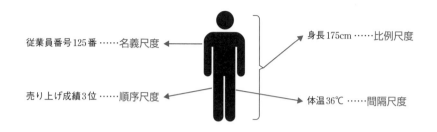

従業員番号125番 ……名義尺度

売り上げ成績3位 ……順序尺度

身長175cm ……比例尺度

体温36℃ ……間隔尺度

名義尺度と順序尺度で測られたデータを**質的データ**といいます。間隔尺度と比例尺度で測られたデータを**量的データ**といいます。量的データは数学的な計算ができますが、質的データはそれができません。

個票データ

構造化データは、左記のように、数値や文字が整理されて収められているデータです。多くは表形式をしています。

さて、その表形式ですが、最上欄(すなわち**表頭**)に調査項目が、左端(すなわち**表側**)にデータを構成する要素の名が、表記されているのが普通です(下図参照)。このような形式で既述されているデータを**個票データ**、または略して**個票**と呼びます。

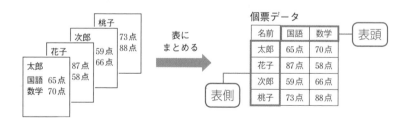

名前	国語	数学
太郎	65点	70点
花子	87点	58点
次郎	59点	66点
桃子	73点	88点

この例の「国語の点数」や「数学の点数」など、調査項目名を**変量**と呼びます。機械学習の世界では**変数**と呼ぶ方が普通です。

「個票データ」(略して「個票」)はいくつものデータの**要素**から構成されていま

す。個票データにおける要素は**個体**と呼ばれます。各個体は、その個体を区別するための**個体名**と、各個体の属性値からできています。

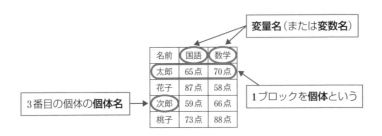

「変量」が複数あるデータを**多変量**データといいます。機械学習で役立つ統計データは、ほとんどが多変量データです。

個票データは加工前のデータと同じ情報量を持ちます。まとめられたり加工されたりしていない生のデータと同等です。

▌ アイテムとカテゴリ

質的データを議論するとき、「アイテム」と「カテゴリ」という言葉が用いられます。具体的に調べてみましょう。

次のアンケートの項目を見てください。

質問1 あなたの血液型はなんですか。
(1) A　　　(2) O　　　(3) B　　　(4) AB

ここで「質問1」に相当するものを**アイテム**と呼びます。その答えの欄の項目(1)〜(4)に相当するものを**カテゴリ**と呼びます。

ちなみに、アイテムは「項目」、カテゴリは「選択肢」と訳す文献もありますが、統一的な日本語訳はありません。本書では「アイテム」、「カテゴリ」というカタカナをそのまま用います。

先に調べた「変量」という言葉は、通常、数量的な意味を持つデータ（すなわち「量的データ」）の中で用いられます。「質的データ」については、変量の値に似た

役割を持つものとして「カテゴリ」が対応します。後述するように、その扱いは変量にはない技法が必要になります。

参考 個票データの開示

　「実際の資料を例題として分析しよう」と思ったとしましょう。そのとき、その実際のデータを得ることが困難なことに直面します。実際の個票データ（要するに生のデータ）は書籍やインターネットでは簡単に得られないのです。

　個票データは価値の高い情報の詰まったデータであり、その取得には労力と費用が必要です。それを無料でインターネットに開示することは通常希です。こうして、貴重な個票データは秘蔵され、多くの人の目に触れることなく、ハードディスクの奥に眠ってしまいがちです。

　そこで、個票データを共有できるように、東京大学などが中心になって、その収集と公開を進めています（下記ホームページ）。実際の資料を分析しようと思われたときには、一度アクセスすることをお勧めします。

（出典）https://csrda.iss.u−tokyo.ac.jp/

2 クロス集計とクロス集計表

「データの分析はクロス集計に始まりクロス集計に終わる」という言葉があります。それほど、クロス集計はデータ分析の基本になります。

▌クロス集計とクロス集計表

2項目からなる個票において、**クロス集計**とは、2項目に同時に該当する個体数を調べることをいいます。その結果を表にまとめたものが**クロス集計表**です。例で意味と作り方を調べましょう。

例題1 次の内容のアンケート調査を20人に実施しました。
問1. 血液型は何型ですか。
問2. 自分の性格で最も適しているものを1つ選んでください。
　　(1) 明瞭快活　(2)「おたく」的　(3) 几帳面
得られた結果（個票）は次の通りでした。このデータからクロス集計表を作成してみましょう。

No	血液型	性格	No	血液型	性格
1	B	2	11	A	2
2	A	1	12	O	1
3	O	1	13	B	1
4	O	1	14	O	1
5	AB	2	15	O	3
6	B	1	16	O	3
7	O	3	17	O	1
8	B	3	18	A	1
9	AB	1	19	B	1
10	A	3	20	B	1

クロス集計表を作るには、表頭に「性格」を、表側に「血液型」を表示します（逆でも可です）。そして、表頭の項目と表側の項目に、合致する個体数を書き込んでいきます。こうして「クロス集計表」が完成します。

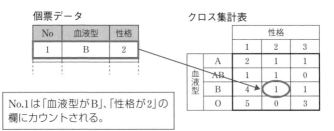

個票データ

No	血液型	性格
1	B	2

クロス集計表

		性格		
		1	2	3
血液型	A	2	1	1
	AB	1	1	0
	B	4	1	1
	O	5	0	3

No.1は「血液型がB」、「性格が2」の
欄にカウントされる。

(解終)

Excel でクロス集計

　多くのデータ分析用ソフトウェアにはクロス集計表を簡単に作れる機能が搭載
されています。下図はExcelを用いて、 例題1 に示したクロス集計表を作成して
います。

I5　　▼　　：　×　✓　fx　=COUNTIFS($C$3:$C$22,$G5,$D$3:$D$22,I3)

	A	B	C	D	E	F	G	H	I	J	K	L
1		クロス集計表										
2		No	血液型	性格					性格			
3		1	B	2				1	2	3		
4		2	A	1		血液型	A	2	1	1		
5		3	O	1			AB	1	1	0		
6		4	O	1			B	4	1	1		
7		5	AB	2			O	5	0	3		
8		6	B	1								
9		7	O	3								
10		8	B	3								
11		9	AB	1								
12		10	A	3								
13		11	A	2								
14		12	O	1								
15		13	B	1								
16		14	O	1								
17		15	O	3								
18		16	O	3								
19		17	O	1								
20		18	A	1								
21		19	B	1								
22		20	B	1								

左記の個表で、血液型「AB」、
性格「2」に該当する個体数を
COUNTIFS関数で集計

(注) Excelには「ピボットテーブル分析」というデータ分析ツールが用意され
ています。これを利用してもクロス集計表が作成できます。

▌クロス集計と協調フィルタリング

クロス集計表の典型的な利用法のひとつである「レコメンド」機能を調べましょう。レコメンドは機械学習の代表的な応用例です。

ネットで商品を閲覧していると、その商品に関連した別の商品が提示されます。これを**レコメンド**（すなわち「推薦」）といいます。その基本的なしくみのひとつがクロス集計表を利用する**協調フィルタリング**と呼ばれるアルゴリズムです。そのしくみを見てみましょう。

例題2 あるネット通販サイトで、過去の利用者の行動履歴が右の個票にまとめられています。この表を用いて、新たに商品aを購入した人には、何を推薦するのが効果的かを調べましょう。

購入者	商品				
	a	b	c	d	e
Aさん	3	0	1	4	1
Bさん	0	2	0	1	0
Cさん	4	0	3	0	2
Dさん	1	2	1	1	0

個票から、一度でも購入があった場合を「1」、全く購入がなかった場合を「0」とした、新たな表を作成します。

購入者	商品				
	a	b	c	d	e
Aさん	1	0	1	1	1
Bさん	0	1	0	1	0
Cさん	1	0	1	0	1
Dさん	1	1	1	1	0

表から、たとえば商品aと商品cをセットで購入した人は、利用者A、利用者C、利用者Dの3人とわかる。

この表から、「2商品を同時に購入した人の数」をクロス集計します。

商品		a	b	c	d	e
商品	a		1	3	2	2
	b	1		1	2	0
	c	3	1		2	2
	d	2	2	2		1
	e	2	0	2	1	

たとえば商品aと商品cをセットで購入した人は、前の表から3人。

この「同時購入の人数」をキーにして、商品ごとに、ペアの商品を並べ替えます。

		商品				
		a	b	c	d	e
推薦順位	1	c	d	a	a	a
	2	d	a	d	b	c
	3	e	c	e	c	d
	4	b	e	b	e	b

商品aについて考えると、同時に購入された商品の中で、商品cが最も多人数（＝3）から同時購入されている。そこで、推薦順位が1番上になる。

この表をもとに、たとえば「商品aを購入した人に対しては商品cを最初に推薦（レコメンド）する」とすれば、最も購入確率を上げることができるわけです。これが協調フィルタリングを用いたレコメンドのしくみです。

メモ━● Excelの並べ替えとSORTBY関数

Excelには指定したキーに従って「並べ替え」（ソート）をする関数があります。それが配列関数SORTBYです。

SORTBY(ソート範囲、キー範囲、引数)

引数を変えることで、色々なソートが可能になります。

| D24 | | ▼ | | × | ✓ | fx | {=SORTBY($C$18:$C$22,D18:D22,-1)} |

	A	B	C	D	E	F	G	H	I
16						商品			
17				a	b	c	d	e	
18			a		1	3	2	2	
19		商品	b	1		1	2	0	
20			c	3	1		2	2	
21			d	2	2	2		1	
22			e	2	0	2	1		
23									
24		推薦順位	1	c	d	a	a	a	
25			2	d	a	d	b	c	
26			3	e	c	e	c	d	
27			4	b	e	b	e	b	
28			商品	a	b	c	d	e	

SORTBY関数
セルD18:D22をキーにして、セルC18:C22をソートした結果を出力する配列関数

3 平均値と分散

「平均値」と「分散」は統計学や機械学習の基本になる統計量です。意味を確認しましょう。

平均値

データにおいて、変量 x の**平均値**は「変量の値の総和をデータ数で割った値」です。利用される分野によって、平均点、平均所得、平均時刻などと名を変えますが、皆同じものです。それは次のように定義されます。

番号	x
1	x_1
2	x_2
3	x_3
…	…
n	x_n
個体数	n

変量 x の個票データが右のように与えられているとき、平均値 $\overline{x}$ は次のように定義される。

$$\overline{x} = \frac{x_1 + x_2 + x_3 + \cdots + x_n}{n} \quad \cdots (1)$$

(注) 本書では変量の平均値を、その変量の上にバーを付けて表します。

平均値はデータを構成する変量の標準的な値の目安を与えます。俗な言い方をすれば、変量の「並の値」を表現するのです。また、図形的には、「重心」を与える式と一致します。

平均値 $\overline{x}$ はデータの重心と考えられる。このイメージがデータ分析で役立つ。

偏差

変量 x について、i 番目の個体の値を x_i とすると、この値 x_i の**偏差**は次のように定義されます。平均値からの離れ具合を表す数です。

$$偏差 = x_i - \overline{x} \quad \cdots (2)$$

*i*番目の個体の
偏差 $x_i - \overline{x}$

偏差 $x_i - \overline{x}$ は平均値からの
離れ具合。データ内での個性
と考えられる。

「並の値」を示す平均値 $\overline{x}$ からの離れ具合を表す偏差は、データを構成する各個体の「個性」と考えられます。

偏差平方和

「偏差」は各個体の「個性」と考えられますが、その個性をデータ全体で合算すれば、「個性の総量」を求めることができます。

ところで、偏差(2)を単純に加えあわせると、プラスとマイナスが打ち消しあって相殺されてしまいます。そこで、個性の総量を調べるときには、各々を2乗して加えます。これを**偏差平方和**といいます。「平均値の公式」(1)に提示した変量xの個票データがあるとき、この偏差平方和Qは次のように表されます。

$$偏差平方和 \quad Q = (x_1 - \overline{x})^2 + (x_2 - \overline{x})^2 + \cdots + (x_n - \overline{x})^2 \quad \cdots (3)$$

(注) 偏差平方和を多変量解析では**変動**とも呼びます(2章§5)。

偏差が「並の値からの離れ具合」を表すので、偏差平方和Qはデータの持つバラツキ具合を表すと考えられます。

変動Q大
x
$\overline{x}$
データの要素はバラバラ

変動Q小
x
$\overline{x}$
データの要素は密集

また、偏差平方和Qは変量xに関する個性の総和なので、変量xに関する「情報量」とも解釈できます。

分散

　同じようなバラツキ具合を持つデータでも、その大きさ（すなわち個体数）nが大きいほど、式(3)の偏差平方和Qの値は大きくなってしまいます。そこで、Qを個体数nで割ってみましょう。そうすれば、個体数nに依らないデータのバラツキの目安が求められます。この値を変量xの**分散**と呼びます。通常s^2と記されます。

$$分散 \quad s^2 = \frac{(x_1 - \overline{x})^2 + (x_2 - \overline{x})^2 + \cdots + (x_n - \overline{x})^2}{n} \cdots (4)$$

　既に調べた平均値と偏差という言葉を用いるならば、分散とは「偏差の2乗平均」と表現できます。

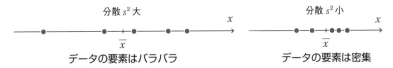

分散 s^2 大	分散 s^2 小
データの要素はバラバラ	データの要素は密集

(注) 分母を個体数nとしましたが、$n-1$とした文献もあります。それは**不変分散**と呼ばれます。データ分析結果の検定や推定をしない限り、統一的に利用すれば、どちらを利用しても、結論は同じになります。

　式(3)の偏差平方和は変量の持つ「情報量」と考えられると述べましたが、それに比例する分散も、当然そのように解釈できます。そこで、多変量解析や機械学習では、この分散が主役になります。分散を上手に説明できるように、いろいろとモデルを構築し理論を発展させます。

標準偏差

　分散s^2の正の平方根sを**標準偏差**（standard deviation）と呼びます。

$$標準偏差 \quad s = \sqrt{s^2} \cdots (5)$$

　分散s^2の平方根をとることで、標準偏差は変量と単位が同じになります。た

とえば、体重データがあるとき、分散の単位は「重さの平方」になってしまい、物理量としての意味がありません。ところが、その平方根である標準偏差は「重さ」の単位に戻ります。したがって、標準偏差は分散よりも「バラツキの目安」というイメージに近い値になります。

▍まとめの例題

これまでのことを、次の例題で確認しましょう。

> **例題** 右の個票データにおいて、変量xの平均値$\overline{x}$、偏差
> 平方和Q、分散s^2、標準偏差sを求めましょう。

個体名	変量x
1	51
2	49
3	50
4	57
5	43

まず、式(1)から変量xの平均値$\overline{x}$を求めます。

$$\overline{x} = \frac{51+49+50+57+43}{5} = 50$$

次に、式(3)～(5)から、次の値が得られます。

$$Q = (51-50)^2+(49-50)^2+(50-50)^2+(57-50)^2+(43-50)^2 = 100$$
$$s^2 = V(x) = \frac{(51-50)^2+(49-50)^2+(50-50)^2+(57-50)^2+(43-50)^2}{5} = 20$$
$$s = \sqrt{s^2} = \sqrt{20} = 2\sqrt{5} = 4.472\cdots \fallingdotseq 4.5 \quad \text{(解終)}$$

▍変量の標準化

2つの変量を比較する際に、スケールが異なっていては困ります。たとえば、身長と体重のデータでは、通常3倍近くのスケールの違いがあり、単純に比較することはできません。そこで役立つのが**変量の標準化**です。

変量xの標準化とは、次の式によって新たな変量zに変換することをいいます。ここでs_xは変量xの標準偏差です。

$$変量 x の標準化 \quad z = \frac{x - \overline{x}}{s_x}$$

この変換によって、新変量 z は次の性質を持ちます。

平均値 $\overline{z} = 0$、分散 $s_z{}^2 = 1$、標準偏差 $s_z = \sqrt{s_z{}^2} = 1$

Excel で計算

実際にデータ分析する際には、平均値や分散はコンピュータを用いて算出するのが普通です。下図は Excel を用いてこれらの統計量を求めています。

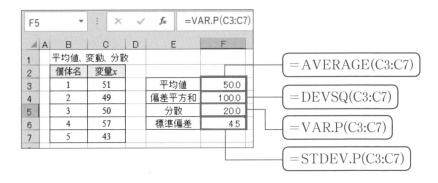

利用している関数について、意味を表にまとめましょう。

関数名	意味	参考
AVERAGE	平均値の算出	average は英語で平均を意味
DEVSQ	偏差平方和の算出	deviation square の略
VAR.P	分散の算出	VAR は variance、P は population の略
STDEV.P	標準偏差の算出	STDEV は standard deviation、P は population の略

> **メモ →機械学習の人気言語**
>
> 本書はデータ分析に Excel を利用しています。基本知識さえあれば、だれにでもデータ分析が楽しめるからです。ただ、本格的にデータ分析しようとするなら、やはりそのためのコンピュータ言語の学習が必要になります。その中で、現在最も人気なのが Python です。使いやすく、分析のためのツールもたくさん用意されています。

参考 　Excel関数のVAR.PのPとは

　統計学で推定や検定を行う際には、母集団に関するデータなのか、標本に関するデータなのかをしっかり区別します。そのどちらかによって、分散や標準偏差を求める式（すなわち関数）が異なるからです。

　本書では、データは母集団から得られていることを前提とします。そこで、利用する関数は母集団に関するものを利用します。それが式(4)です。

　(注) 機械学習の絡みで考えるとき、統一的に利用すれば、母集団の式を用いても、標本に関する式を用いても、結論は同じになります。

　Excelでは、母集団に関する分散、標準偏差を求める関数には、Pを付けます。それがVAR.P、STDEV.Pです。ちなみに、標本に関する関数にはPを付けず、VAR、STDEVとなります。

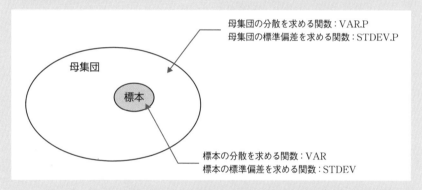

　Excelにおいて紛らわしいのは、母集団に関する分散、標準偏差の関数として、VAR.P、STDEV.P以外に、VARP、STDEVPがあることです。これはバージョンの違いであり、最新のものを使う際にはドット「.」の付いた関数を利用することが勧められています。VARP、STDEVPは将来的にはサポートされなくなる危険があります。

4 相関図と共分散、相関係数

2変量の関係を視覚化したいときに描く図が「相関図」です。2変量の関係を数値化した値が「相関係数」です。

相関図

2変量の個票データを視覚化してみましょう。

右の表を見てください。これは中学生8人の数学と理科のテスト結果です。このような2変量のデータを視覚化する手段が**相関図**です。**散布図**とも呼ばれます。

出席番号1番のテスト結果を見てみましょう。数学71点、理科64点です。これを平面上の座標(71, 64)に点で表示してみます。

番号	数学	理科
1	71	64
2	34	48
3	58	59
4	41	51
5	69	56
6	64	65
7	16	45
8	59	60

【表1】数学と理科の成績

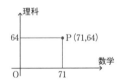

数学71点、理科64点の子供は
座標(71, 64)の点で表せる。

こうして、一人の子供の成績が図示できました。以上の操作をデータ全体について行ってみましょう。すると、個票データが平面上にマッピングされます。これが相関図(すなわち散布図)です。クロス集計表(2章 §2)を視覚化した図とも考えられます。

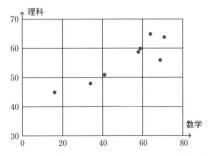

データを相関図に示すと、その特徴が見やすくなります。たとえば、この相関図を見れば「数学の成績の良いものは、総じて理科の成績も良い」ことがすぐに

見て取れます。数学と理科には大きな相関があることが分かるのです。

正の相関・負の相関

複数の変量からなるデータにおいて重要なことは、変量の間にどのように関係があるかを知ることです。そこで、2変量x、yの典型的な関係を、相関図から見てみましょう。

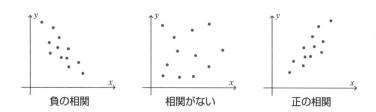

右端の図は、変量xが増加すれば変量yも増加する、という関係です。この関係を**正の相関**があるといいます。それに対して左端の図は、変量xが増加すれば変量yは減少します。この関係を**負の相関**があるといいます。

真ん中の図の場合、2変量x、yの間には特筆すべきような関係はありません。このような場合、2変量x、yに**相関はない**といいます。

共分散

上記の正の相関、負の相関などを、具体的に数値化するのが共分散と相関係数です。

右の一般的なデータを見てみましょう。2変量x、yの個票データです。このとき、2変量x、yの**共分散** s_{xy} は次のように定義されます。ここで、$\overline{x}$、$\overline{y}$ は2変量x、yの平均値です。

個体番号	x	y
1	x_1	y_1
2	x_2	y_2
3	x_3	y_3
…	…	…
n	x_n	y_n

$$共分散 s_{xy} = \frac{(x_1-\overline{x})(y_1-\overline{y})+(x_2-\overline{x})(y_2-\overline{y})+\cdots+(x_n-\overline{x})(y_n-\overline{y})}{n} \cdots (1)$$

例1 先の【表1】で示されたデータについて、共分散(1)を求めてみましょう。

【表1】から、各変量の平均値は次のように求められます。

$$\overline{x} = 51.5、\overline{y} = 56.0$$

これを式(1)に代入して、共分散 s_{xy} が次のように算出されます。

$$s_{xy} = \frac{1}{8}\{(71-51.5)(64-56.0)$$
$$+(34-51.5)(48-56.0)+\cdots+(59-51.5)(60-56.0)\} = 112.6$$

共分散の性質

式(1)の持つ性質について調べてみましょう。

与えられたデータについて、相関図を描き、$(x-\overline{x})(y-\overline{y})$ の正負を調べてみます。すると、その正負は右の図のようにまとめられます。図で、点 $G(\overline{x}, \overline{y})$ は各変量の平均値を座標とする相関図の中心（重心）です。この図と、先に調べた相関図とを重ねてみましょう。

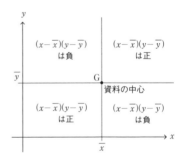

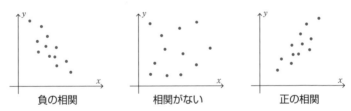

負の相関   相関がない   正の相関

図を比較することで、次の表の結論が得られます。

正の相関	$(x-\overline{x})(y-\overline{y})$ が正となる点が多い
負の相関	$(x-\overline{x})(y-\overline{y})$ が負となる点が多い
相関がない	$(x-\overline{x})(y-\overline{y})$ の正負はいろいろ

この表と式(1)とを見比べることで、2変量 x、y の正の相関、負の相関と、共

分散 s_{xy} との関係が次のように得られます。

相関関係	正の相関	相関がない	負の相関
共分散の値	正	0に近い値	負

▌相関係数

共分散はデータの単位によって数値が変わります。たとえば、身長と体重の関係を調べたいとき、身長の単位をメートルからセンチメートルに変えると、大きさが100倍違ってしまいます。そこで、単位に影響されない、より客観的な関係の指標が欲しくなります。それが**相関係数**です。

2変量 x と y の「相関係数」 r_{xy} は次のように定義されます。

$$r_{xy} = \frac{s_{xy}}{s_x s_y} \quad (s_x \text{ は } x \text{ の、} s_y \text{ は } y \text{ の標準偏差、} s_{xy} \text{ は共分散}) \cdots (2)$$

(注) r は relation の頭文字。この r_{xy} は Pearson の**積率相関係数**ともいいます。

相関係数 r_{xy} に対して、次の関係が証明されます。

$$-1 \leqq r_{xy} \leqq 1 \cdots (3)$$

r_{xy} の値は 1 に近いほど大きな正の相関が、−1 に近いほど大きな負の相関があることを示します。また、0 に近いほど相関がないことを示します。

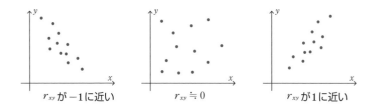

r_{xy} が−1に近い	$r_{xy} \fallingdotseq 0$	r_{xy} が1に近い

メモ → -1 ≦ 相関係数 ≦ 1 の証明

相関係数が性質 (3) を持つ証明には、数学のベクトルの知識を利用します。一般的に、データ解析の数学理論の多くはベクトルや行列を扱う**線形代数**に依存しています。

例2 先の【表1】で示されたデータについて相関係数を求めてみます。

例1 から、式(2)の共分散は次のように与えられています。

$s_{xy} = 112.6$

また、先の【表1】からx、yの標準偏差s_x、s_yが算出できます(2章§3)。

$s_x = 18.1$、$s_y = 6.9$

これを式(2)に代入して、相関係数r_{xy}の値が得られます。

$$r_{xy} = \frac{s_{xy}}{s_x s_y} = \frac{112.6}{18.1 \times 6.9} = 0.90$$

この相関係数の結果は、【表1】のために描いた相関図をよく支持しています。【表1】のデータに関して、数学と理科には強い相関がありますが、その相関係数は1に近い値になっています。数学xと理科yには大きな正の相関があることが、数値からも確かめられました。

Excelで計算

実際にデータ分析する際には、共分散や相関係数はコンピュータに任せるのが普通です。下図はExcelを用いてこれらの統計量を求めています。

その際、共分散や相関係数は下図のように関数COVARIANCE.PやCORRELを利用するのが一般的です。

	A	B	C	D	E	F	G	H
1		共分散と相関係数						
2		番号	数学x	理科y				
3		1	71	64		平均値	51.5	56.0
4		2	34	48		分散	327.3	47.5
5		3	58	59		標準偏差	18.1	6.9
6		4	41	51		共分散	112.6	
7		5	69	56		相関係数	0.90	
8		6	64	65				
9		7	16	45				
10		8	59	60				

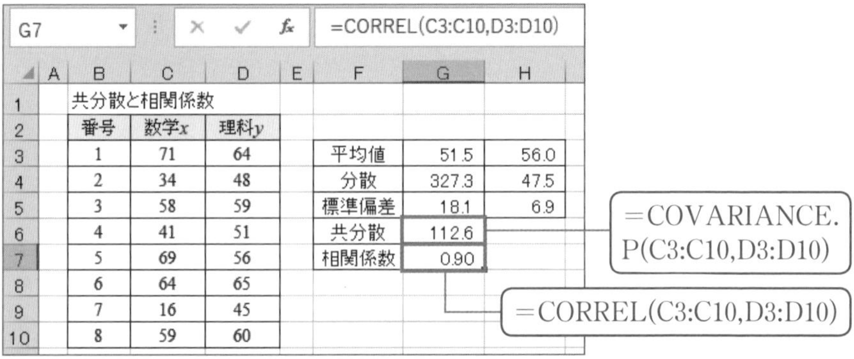

分散共分散行列と相関行列

本書では、行列の知識は前提としていません。しかし、3変量以上の共分散や相関係数を調べる場合、行列形式を用いた方が見やすくなります。そこで、「分散共分散行列」と「相関行列」について確認しておきます。

(注) 行列一般の概説は付録Bに解説します。

まず**分散共分散行列**について調べます。たとえば、3変量x、y、zがあるとき、それらの分散と共分散が次の値であったとしましょう。

$s_x{}^2 = 3$、$s_y{}^2 = 2$、$s_z{}^2 = 4$、$s_{xy} = 1.5$、$s_{yz} = 1.3$、$s_{zx} = 1.7$

さて、このような数値の羅列は見やすいものではありません。そこで、次のように並べて整理してみます。

$$\begin{pmatrix} 3 & 1.5 & 1.7 \\ 1.5 & 2 & 1.3 \\ 1.7 & 1.3 & 4 \end{pmatrix}$$

大変見やすくなったことがわかるでしょう。このように、分散共分散をまとめたものが「分散共分散行列」です。

3変量x、y、zの一般的な分散共分散行列は次のように表せます。

$$\begin{pmatrix} s_x{}^2 & s_{xy} & s_{xz} \\ s_{xy} & s_y{}^2 & s_{yz} \\ s_{xz} & s_{yz} & s_z{}^2 \end{pmatrix}$$

次に、**相関行列**について調べます。これも、分散共分散行列と同様、数値をダラダラ羅列するのを避けるために、たとえば3変量x、y、zの場合なら、次のように整理します。

$$\begin{pmatrix} 1 & r_{xy} & r_{xz} \\ r_{xy} & 1 & r_{yz} \\ r_{xz} & r_{yz} & 1 \end{pmatrix}$$

相関行列は対角線上に1が並びます。これは定義式(2)から明らかでしょう。

5 相関比

データが2つのグループ、すなわち2つの群に分けられているとき、その2群の分離度を表現する指標が**相関比**です。後に調べる「判別分析」に利用されます。2変量の相関を表す「相関係数」(2章 §4)と似た響きを持つ言葉ですが、中身はまったく異なります。

相関比の意味

次の3つのデータ A、B、Cは、男女各5人について、身長を測定した個票データです。

A

女子		男子	
番号	身長	番号	身長
1	151	11	167
2	156	12	176
3	159	13	171
4	154	14	168
5	150	15	162

B

女子		男子	
番号	身長	番号	身長
1	151	11	167
2	156	12	176
3	159	13	171
4	154	14	168
5	167	15	162

C

女子		男子	
番号	身長	番号	身長
1	174	11	167
2	156	12	176
3	173	13	171
4	165	14	168
5	169	15	162

これら3つのデータ A、B、Cについて、各要素(すなわち個体)を直線上に並べてみましょう。データ Aでは、男女がしっかり分離され、身長を見るだけで男女のどちらかを判別できます。Bは多少混じり合いますが、身長を見れば大まかな男女の判別が可能です。Cは完全に混じり合っていて、もはや身長で男女を判別することは不可能です。

このように、2群から構成されたデータにおいては、それらの分離の度合いはデータごとに異なります。そこで、その分離の度合いを数値化することを考えてみましょう。その代表的な指標が**相関比**です。

■ 相関比の定義

下図のデータを見てみましょう。これは、2群P、Qを対象に、ある1変量zについて調べたデータです。左の身長のデータを一般化したものです。

個体名	z	群	個体名	z	群
1	z_1	P	$m+1$	z_{m+1}	Q
2	z_2	P	$m+2$	z_{m+2}	Q
…	…	…	…	…	…
m	z_m	P	n	z_n	Q

左の身長のデータを一般化したデータ。個体番号1～mまでが群Pに、残りの$m+1$～nが群Qに属する。

群Pには個体番号1からmまでのn_P個（＝m個）の個体が所属し、群Qには番号$m+1$からnまでのn_Q個（＝$n-m$個）の個体が所属しています。

ここで、データ全体についての偏差平方和S_Tを定義します。$\overline{z}$ をデータ全体の平均値（全平均）として、S_T は次のように定義されます（2章§3）。

$$S_T = \{(z_1 - \overline{z})^2 + \cdots + (z_i - \overline{z})^2 + \cdots + (z_m - \overline{z})^2\}$$
$$+ \{(z_{m+1} - \overline{z})^2 + \cdots + (z_j - \overline{z})^2 + \cdots + (z_n - \overline{z})^2\} \cdots (1)$$

偏差平方和S_Tはデータの散らばりを表す指標で、多変量解析では**変動**とも呼ばれます。このS_Tはデータ全体に関する変量zの「変動」なので、**全変動**と呼ばれます。

(注) 変動（すなわち偏差平方和）S_Tを個体数で割れば分散です（2章§3）。

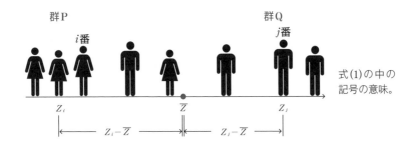

式(1)の中の記号の意味。

次に**群間変動** S_B、**群内変動** S_W を次のように定義します。

$$S_B = n_P\,(\overline{z}_P - \overline{z})^2 + n_Q\,(\overline{z}_Q - \overline{z})^2 \cdots (2)$$

$$S_W = \{(z_1 - \overline{z}_P)^2 + \cdots + (z_m - \overline{z}_P)^2\} + \{(z_{m+1} - \overline{z}_Q)^2 + \cdots + (z_n - \overline{z}_Q)^2\} \cdots (3)$$

ここで、$\overline{z}_P$ は群Pの平均値、$\overline{z}_Q$ は群Qの平均値を表します。

(注) 群間変動を級間変動、群内変動を級内変動とも呼びます。

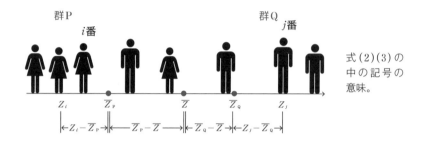

式 (2) (3) の中の記号の意味。

群間変動 S_B は、各群の平均値と全体平均との重み付きの距離の平方なので、**2群がどれくらい離れているかを表す量**と考えられます。これが大きければ、2つの群は離れていることになります。

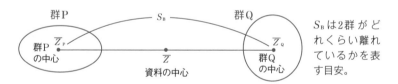

S_B は2群がどれくらい離れているかを表す目安。

S_W は「各群の中の変動」の和であり、**各群のまとまり度を示す**と考えられます。これが小さいと、各群は「よくまとまっている」ことを、別の表現をすれば「2群はよく分離されている」ことを表します。

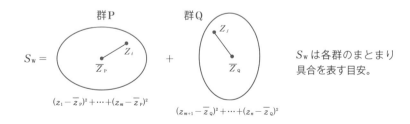

S_W は各群のまとまり具合を表す目安。

面白いことに、以上で定義した S_T、S_B、S_W には、次の関係が成立します。

$S_T = S_B + S_W \cdots$ (4)

全変動 S_T

群間変動 S_B 群間変動 S_W

(注) 証明は付録Gに回します。

以上の準備の下に、**相関比** η^2 を次のように定義しましょう。

$$\eta^2 = \frac{S_B}{S_T} \cdots (5)$$

相関比 $\eta^2 = \dfrac{S_B \quad\; S_W}{S_T = S_B + S_W}$

(注) η はギリシャ文字で「イータ」と読みます。η そのものを相関比と呼ぶ文献もあります。

この定義(5)と関係(4)から、次の性質が成り立ちます。

$0 \le \eta^2 \le 1$

η^2 が1に近いとき、全変動 S_T の中で、2群の距離 S_B の占める割合は大きいことになります。このとき群内の変動 S_W は小さくなり、各群は小さく固まります。すなわち、相関比 η^2 が1に近いとき、2群ははっきりと分離されていることを示すのです。

完全に分離 ($\eta^2 \fallingdotseq 1$)

混じる部分がある ($0 < \eta^2 < 1$)

完全に混じる ($\eta^2 \fallingdotseq 0$)

反対に、相関比 η^2 が0に近いときは、2群の距離 S_B の占める割合は小さくなり、群内の変動 S_W は大きくなります。2群は大きく重なっていることを表すのです。

▌相関比の具体例

次の例題を利用して、実際に相関比 η^2 を算出してみましょう。

例題 次のデータはある大学1年生の男女各10人について、身長（単位はcm）を調べたものです。このデータから、相関比を求めましょう。

女子		男子	
番号	身長	番号	身長
1	151.1	11	184.9
2	155.9	12	181.3
3	159.4	13	171.4
4	154.6	14	168.6
5	162.9	15	162.3
6	158.3	16	179.9
7	171.7	17	179.5
8	160.8	18	173.4
9	153.4	19	167.9
10	161.2	20	177.9

これまで変量 z と表記したものは、ここでは「身長」が対応します。

最初に、基本となる統計量を求めましょう。女子をP、男子をQで表すことにします。

式 (1)(2)(3) において、

$m=10$、$n=20$、$n_P=n_Q=10$

また、Excel等で計算すると、

全平均 $\overline{z}=166.8$、女子平均 $\overline{z}_P=158.9$、男子平均 $\overline{z}_Q=174.7$

(注) Excelを用いた計算例は後述します。

すると、全変動 S_T、群間変動 S_B は次のように算出されます。

全変動　$S_T=(151.1-166.8)^2+\cdots+(177.9-166.8)^2=2010.7$

群間変動　$S_B=10(158.9-166.8)^2+10(174.7-166.8)^2=1245.0$

以上から、$\eta^2=\dfrac{S_B}{S_T}=\dfrac{1245.0}{2010.7}=0.62$　**(解終)**

男女の身長の分布を直線上で見てみましょう。

相関比 η^2 が 0.62 は、これ位の分離度を表しているわけです。

∎ コンピュータによる〔例題〕の計算

相関比を求める標準の関数は、Excelには添付されていません。「変動を求める関数」DEVSQを利用して計算するのが便利でしょう。

平均値はAVERAGE関数を利用

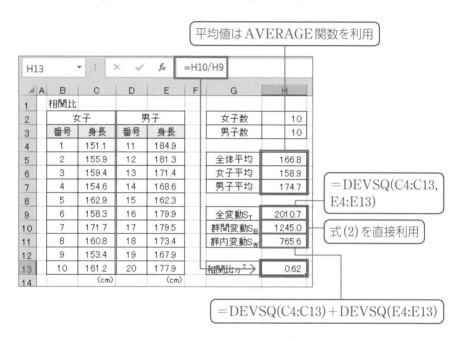

$=$ DEVSQ(C4:C13, E4:E13)

式 (2) を直接利用

$=$ DEVSQ(C4:C13) $+$ DEVSQ(E4:E13)

メモ → $S_T = S_B + S_W$ の確認

上のシートでは群内変動 S_W も算出しました。式 (4) が成立することを確かめましょう。なお、この式 (4) の数学的な証明は付録Gに示します。(四捨五入の関係から、小数第1位について齟齬があることはご容赦ください)

2
データサイエンスの基本

6 確率変数と確率分布

データ処理をする際には、確率的な見方が求められる場合があります。その際に必要になる知識が**確率変数**と**確率分布**です。

▌確率変数

確率変数とは確率的に値が定まる変数のことです。すなわち、試行(trial)して初めて値が確定する変数のことをいいます。

たとえば、1つのサイコロを振る試行を考えてみます。そして、出る目をXと表すことにします。この変数Xは1から6までの整数値をとりますが、サイコロを投げてみて初めてその値が確定します。これが確率変数のアイデアです。

サイコロの目Xは、サイコロを振った結果として得られる。このように試行の結果、値が確定する変数を確率変数という。

ちなみに、確率変数は大文字のローマ字で表記されるのが普通です。それに対して、変量は小文字で表記されるのが普通です。

▌確率分布

確率変数のとる各値に対応して、それが起こる確率が与えられるとき、その対応を**確率分布**といいます。対応が表に示されていれば、その表を確率変数の**確率分布表**と呼びます。

確率変数 X	確率
x_1	p_1
x_2	p_2
...	...
x_n	p_n
計	1

【表1】確率分布表。確率変数の値に、その値が起こるときの確率を対応させた表である。

例1 正しく作られた1個のサイコロを振ったとき、出る目 X の確率分布は、右の【表2】で表されます。これが確率分布表です。

X	確率
1	1/6
2	1/6
3	1/6
4	1/6
5	1/6
6	1/6

【表2】サイコロ1個を投げたとき、出る目 X の確率分布表。

確率変数の平均値と分散

確率変数の平均値、分散、標準偏差は、2章で調べた変量の平均値、分散、標準偏差の延長上で定義されます。

確率変数 X に対する確率分布が左の【表1】で与えられているとします。このとき、確率変数 X の**平均値** μ、分散 σ^2、標準偏差 σ は次のように定義されます。

$$\text{平均値} : \mu = x_1 p_1 + x_2 p_2 + \cdots + x_n p_n \cdots (1)$$
$$\text{分散} : \sigma^2 = (x_1 - \mu)^2 p_1 + (x_2 - \mu)^2 p_2 + \cdots + (x_n - \mu)^2 p_n \cdots (2)$$
$$\text{標準偏差} : \sigma = \sqrt{\sigma^2} \cdots (3)$$

(注) μ、σ は小文字のギリシャ文字です。μ は「ミュー」、σ は「シグマ」と読みます。このように、確率変数の平均値、分散、標準偏差はこれら小文字のギリシャ文字で表すのが普通です。

なお、確率変数の平均値は**期待値**とも呼ばれます。2章で調べた変量の平均値と区別するのに便利な言葉です。

例2 **例1** に示したサイコロ1個を振ったとき、出る目 X の平均値と分散を求めましょう。

1個のサイコロを振ったときの確率分布表は上の【表2】で与えられます。そこで、公式 (1)〜(3) から

$$\text{平均値} \ \mu = 1 \times \frac{1}{6} + 2 \times \frac{1}{6} + \cdots + 6 \times \frac{1}{6} = 3.5$$
$$\text{分散} \ \sigma^2 = (1-3.5)^2 \times \frac{1}{6} + (2-3.5)^2 \times \frac{1}{6} + \cdots + (6-3.5)^2 \times \frac{1}{6} = \frac{35}{12}$$
$$\text{標準偏差} \ \sigma = \sqrt{\frac{35}{12}} \fallingdotseq 1.71$$

▌連続的な確率変数と確率密度関数

サイコロの目ならば、表にして確率分布を示すことができます。しかし、人の身長や製品の重さ、各種の経済指数など、連続的な値をとる変数を確率変数とみなす場合には、それを表で示すことが不可能です。

このような連続的な確率変数に対する確率分布を表現するのが**確率密度関数**です。この関数を $f(x)$ と置くと、確率変数 X が $a \leq X \leq b$ の値をとる確率は下図の斜線部分の面積で表せます。

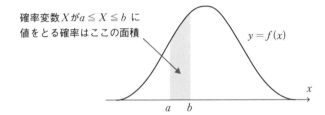

確率変数 X が $a \leq X \leq b$ に値をとる確率はここの面積

$y = f(x)$

確率密度関数では、x 軸とグラフとで囲まれた面積が確率を与える。

連続的な値をとる確率変数について、その平均値と分散、標準偏差は積分の式になります。すなわち、確率密度関数を用いた積分の形に、式(1)(2)の右辺の和を変形します。

> **(注)** 具体的な積分の式については、章末「参考」を参照してください。なお、本書で積分計算することはありません。

▌正規分布

確率密度関数 $f(x)$ が次の式で与えられるとき、この分布を**正規分布**といいます。

$$f(x) = \frac{1}{\sqrt{2\pi}\,\sigma} e^{-\frac{(x-\mu)^2}{2\sigma^2}} \quad (\mu、\sigma は定数、\sigma > 0) \cdots (4)$$

> **(注)** e は自然対数の底でネイピア数と呼ばれます（$e = 2.71828\cdots$）。また、π は円周率（$\pi = 3.14159\cdots$）です。

この正規分布は、その英語名normal distributionの頭文字を用いて$N(\mu, \sigma^2)$と表されます。

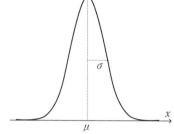

正規分布のグラフは右図のような美しい釣り鐘の形になります。パラメータμが山の軸の位置を与えます。分散σは中腹の幅を与えます。

この正規分布において、平均値と分散、標準偏差は次の式で与えられます。

平均値$=\mu$、分散$=\sigma^2$、標準偏差$=\sigma$ … (5)

例3 確率変数Xが正規分布$\dfrac{1}{\sqrt{2\pi}}e^{-\frac{x^2}{2}}$に従うとき、この確率変数の平均値と分散は次の値になります。

Xの平均値$=0$

Xの分散$=1^2$

例3 の正規分布を**標準正規分布**といいます。

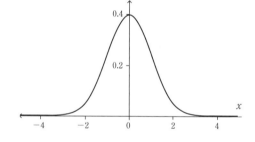

メモ→記号 $E(X)$、$V(X)$

確率変数Xの平均値μ、分散σ^2は各々記号 $E(X)$、$V(X)$とも記述されます。すなわち、

平均値 $\mu = E(X)$、分散 $\sigma^2 = V(X)$

ここで E は期待値（Expectation Value）、V は分散（Variance）の頭文字をとったものです。

参考 **連続的な確率変数の平均値と分散の式**

　連続的な確率変数の場合、平均値や分散を先の式(1)、(2)のような和の形では表現できません。確率変数Xの確率密度関数$f(x)$を利用して、和を積分で置き換えた次の式で表現することになります。

> 平均値：　$\mu = E(X) = \displaystyle\int_a^b xf(x)dx \cdots (6)$
>
> 分散：　　$\sigma^2 = V(X) = \displaystyle\int_a^b (x-\mu)^2 f(x)dx \cdots (7)$
>
> 標準偏差：$\sigma = \sqrt{\sigma^2} \cdots (8)$

　積分範囲a、bは、確率密度関数が定義されているすべての範囲から決められます。

　しかし、実用的な意味においては、このような積分計算をすることは稀です。統計学や機械学習は実用的な科学なので、すべて公式が用意されています。たとえば、正規分布の場合には、式(5)のように、公式として与えられています。

　ちなみに、連続的な確率分布のとき、そのグラフが下図のような山型の分布の際には、平均値μは重心の位置を示し、標準偏差σは確率分布の中腹の大まかな幅を示します。

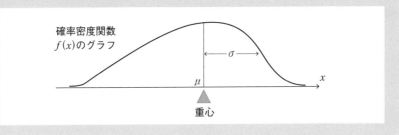

3章

「教師あり」
機械学習と統計学

本章は機械学習の世界で主流の「教師あり」機械学習を
調べます。統計学的に表現すると「外的基準のある」デー
タ分析術に対応します。

1 線形の単回帰分析

　機械学習及び統計学の両方において、最もポピュラーなデータ分析術が「回帰分析」です。本節では、その中で基本となる線形の**単回帰分析**について調べます。機械学習の世界では未知の値の予測に利用されます。

▌線形の単回帰分析

　複数の変量からなるデータにおいて、特定の1変量に着目し、他の変量の式で説明する手法を**回帰分析**といいます。特に、右の表のように、2つの変量からなるデータを対象にする回帰分析を**単回帰分析**といいます。

個体名	x	y
1	x_1	y_1
2	x_2	y_2
3	x_3	y_3
…	…	…
n	x_n	y_n

　次の式を用いて、表の変量yを残りの変量xで説明することを考えてみましょう。

$$\widehat{y} = a + bx \quad (a、bは定数) \cdots (1)$$

(注) ここで、左辺を$\widehat{y}$としているのは、**実測値**yと区別するためです。回帰分析では、この$\widehat{y}$を**予測値**と呼びます。

　このような1次式で2変数の関係を説明する単回帰分析を**線形の単回帰分析**といいます。そして、式(1)を**回帰方程式**と呼びます。定数aは**切片**、bは**回帰係数**といいます。

　また、変量yを**目的変量**、それを説明する変量xを**説明変量**といいます。

(注) 目的変量を**従属変量**（または目的変数）、説明変量を**独立変量**（または説明変数）などとも呼びます。

　回帰方程式(1)は座標平面上では直線の式を表します。したがって、この方程式のイメージは右図のように描くことができます。これを**回帰直線**と呼びます。

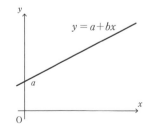

線形の単回帰分析の具体例

線形の単回帰分析について、次の例題でしくみを調べてみましょう。

例題1 下の表は関東地方の紅葉の名所Aにおける9月の平均気温 (x) と10月1日から起算した紅葉の見ごろの日 (y) をまとめたものです。このデータをもとに、日 (y) を目的変量として、線形の回帰方程式 (すなわち回帰方程式) を求めましょう。

年	x	y	年	x	y
2001	23.2	56.7	2010	25.1	70.4
2002	23.1	58.2	2011	25.1	68.1
2003	24.2	62.8	2012	26.2	73.2
2004	25.1	66.3	2013	25.2	68.1
2005	24.7	69.0	2014	23.2	61.2
2006	23.5	62.0	2015	22.6	55.3
2007	25.2	69.4	2016	24.4	62.8
2008	24.4	62.7	2017	22.8	59.5
2009	23.0	59.0	2018	22.9	58.4

最初に、横軸に x、縦軸に y をとった相関図を描いてみましょう (下図左)。そして、その相関図上の点をよくなぞるように直線を描いてみましょう (下図右)。

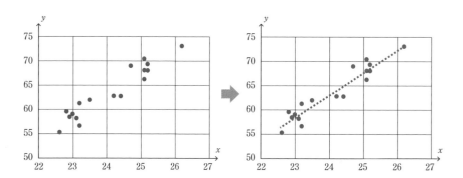

ところで、なぞる直線ならいくつも考えられます。その中で、最もよくなぞる直線が「回帰直線」です。この直線を表す回帰方程式(1)の求め方を、以下に調べます。

■ 回帰方程式の求め方のしくみ

　個票データが次の表のように与えられているとします。このとき、xを説明変量、yを目的変量とした回帰方程式は次のように表せます。

$$\widehat{y} = a + bx \quad （a、bは定数）\cdots (1)（再掲）$$

個体名	x	y
1	x_1	y_1
2	x_2	y_2
3	x_3	y_3
…	…	…
n	x_n	y_n

xを説明変量、yを目的変量とする。

　すると、i番目の個体に関して、実際の値yと予測値$\widehat{y}$の誤差ε_iは次のように表せます（下図参照）。

$$i番目についての誤差 \varepsilon_i = y_i - \widehat{y}_i \quad （i=1,\ 2,\ 3\cdots,\ n）\cdots (2)$$

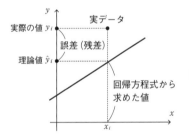

実際の値yと予測値$\widehat{y}$の関係。

　この誤差ε_iを、回帰分析では**残差**と呼びます。さて、その残差(2)はデータの1つの個体についての誤差です。データ全体についての誤差の総量はどのように定義すればよいでしょうか。このとき利用されるのが「誤差の平方和」で、次のように求められます。

$$E = \varepsilon_1{}^2 + \varepsilon_2{}^2 + \varepsilon_3{}^2 + \cdots + \varepsilon_n{}^2$$
$$= \left(y_1 - \widehat{y}_1\right)^2 + \left(y_2 - \widehat{y}_2\right)^2 + \left(y_3 - \widehat{y}_3\right)^2 + \cdots + \left(y_n - \widehat{y}_n\right)^2 \cdots (3)$$

　このEを一般的に**誤差関数**と呼びます。

例題1 のデータを利用して、式(2)〜(3)の意味を表にしてみましょう。

年	x	y	$\varepsilon = y - \widehat{y}$
2001	23.2	56.7	$56.7-(a+23.2b)$
2002	23.1	58.2	$58.2-(a+23.1b)$
2003	24.2	62.8	$62.8-(a+24.2b)$
2004	25.1	66.3	$66.3-(a+25.1b)$
2005	24.7	69.0	$69.0-(a+24.7b)$
〜	〜	〜	〜
2017	22.8	59.5	$59.5-(a+22.8b)$
2018	22.9	58.4	$58.4-(a+22.9b)$
		E	この列の値の平方和

式(2)の値 ε

式(3)の値 E

表の最下行の「この列の値の平方和」が式(3)で示された誤差関数Eであり、パラメータa、bの関数です。この誤差関数Eを最小にするa、bを求めれば、データ全体について予測値と実測値の誤差が最も小さいことになります。「相関図上の点を最もよくなぞる直線」となる回帰直線が探せるのです。こうして、回帰方程式(1)の求め方がわかりました。

誤差関数Eを最小にする方程式(1)のパラメータa、bを探す。

以上のように、誤差関数を最小化するパラメータa、bを実際に求めることを、一般的に**最適化**といいます。そして、「誤差の平方和を最小にする」という考え方でパラメータの値を決める方法を**最小2乗法**といいます。

(注) 誤差関数は**損失関数**とも呼ばれます。また、最適化のターゲット（目的）になる関数なので**目的関数**とも呼ばれます。

■ 最適化の実行

実際に最適化を実行してみましょう。誤差関数Eを最小にするa、bを求めるのはコンピュータが得意とするところです（数学的な公式やExcelを用いた計算例は後述）。その計算結果を示しましょう。

$a = -47.6$、$b = 4.6$

こうして回帰直線の方程式(1)が次のように求められます。

$y = -47.6 + 4.6x$ … (4) **(解終)**

統計的な分析と AI 的応用

式(4)を統計学的に見てみましょう。9月の平均気温 (x) が1℃上昇すると、10月1日から数えた紅葉の見ごろの日は4.6日後ずれすることになります。1℃の違いが紅葉に与える影響を分析できるのです。このように、変数の関係を理解しようとするのが、回帰分析の統計学的スタンスです。

機械学習では、回帰分析は典型的な「教師あり」学習です。この学習結果の応用例を、次の例題で確かめましょう。

> **例題2** **例題1** で求めた回帰方程式を利用して、9月の平均気温が $x=26.0$℃の年における紅葉の見頃の日数 y を予測してみましょう。

先の **例題1** で得られた回帰方程式(4)に、$x=26.0$を代入します。

$$\widehat{y} = -47.6 + 4.6 \times 26.0 = 72 \text{日}$$

10月1日から起算して72日後、すなわち、12月11日頃が、対象地点の紅葉の見頃になることが予想されます。**(解終)**

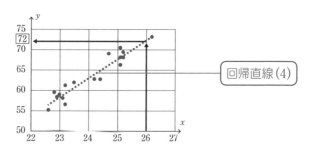

「紅葉の見頃を AI 予測します」と、テレビの気象予報士が語ることがありますが、その基本はこの **例題2** なのです。

コンピュータによる **例題1** の計算

回帰方程式の a、b を求めるための、Excel 計算例を示しましょう。なお、最小

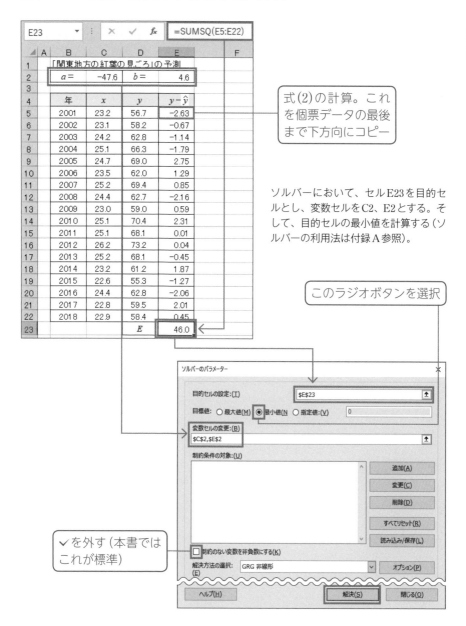

2乗法のアイデアを確かめるために、ここではソルバーを用いて計算しました。
通常はExcel関数を利用します(本節末≪参考≫)。

3

「教師あり」機械学習と統計学

式(2)の計算。これ
を個票データの最後
まで下方向にコピー

ソルバーにおいて、セルE23を目的セ
ルとし、変数セルをC2、E2とする。そ
して、目的セルの最小値を計算する(ソ
ルバーの利用法は付録A参照)。

このラジオボタンを選択

✓を外す(本書では
これが標準)

▌決定係数

回帰方程式の精度について調べましょう。

いま、2変量の個票データ A、B があり、その各々について相関図と回帰直線を描いたところ、下図のようになったとします。

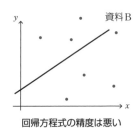

左図の場合には、回帰方程式がデータの分布をよく説明していますが、右図の場合には、回帰方程式はデータの分布をほとんど説明していません。別の言い方をすれば、左のような場合には、回帰方程式の精度は良く、右の場合には悪いということになります。そこで、回帰方程式の精度を表す指標があると便利です。その指標が**決定係数**です。

決定係数は次の性質を利用し、その精度を指標化します。

実測値 y の分散 $s_y{}^2 = $ 予測値 $\widehat{y}$ の分散 $s_{\widehat{y}}{}^2 + $ 残差 ε の分散 $\cdots$ (5)

(注) 証明は付録Fに回します。

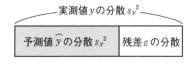

「実測値 y の分散」は「予測値 $\widehat{y}$ の分散」と「残差 ε の分散」の和。「残差 ε の分散」は式(3)の誤差関数 E に比例。

回帰方程式の「精度が良い」ということは、実測値と予測値との誤差が全体として小さいことです。すなわち、式(3)で与えられる誤差の総和 E（$= n \times$ 残差 ε の分散）の値が小さいということです（付録F）。換言すれば、実測値 y の分散 $s_y{}^2$ に占める予測値 $\widehat{y}$ の分散 $s_{\widehat{y}}{}^2$ が相対的に大きいということです。そこで、回帰方程式の精度を表す**決定係数** R^2 は次のように定義されます。

$$(\text{決定係数}) \; R^2 = \frac{s_{\widehat{y}}^{\,2}}{s_y^{\,2}} \cdots (6)$$

$$R^2 = \frac{\boxed{\text{予測値}\,\widehat{y}\,\text{の分散}\,s_{\widehat{y}}^{\,2}} \quad \boxed{\text{残差}\,\varepsilon\,\text{の分散}}}{\boxed{\text{実測値}\,y\,\text{の分散}\,s_y^{\,2}}} \qquad \text{決定係数のイメージ}$$

このように定義された決定係数(6)は、以上の話からわかるように、次の性質を持ちます。

(i) $0 \leqq R^2 \leqq 1$

(ii) R^2 が1に近いほど回帰方程式の精度は良く、0に近いほど悪い。

では、次の例題で、具体的に決定係数を求めましょう。

例題3 **例題1** で求めた回帰方程式の決定係数の値を求めてみましょう。

分散を計算して(2章§3)、

$$s_y^{\,2} = 26.1、s_{\widehat{y}}^{\,2} = 23.5$$

これを式(6)に代入して、次のように決定係数 R^2 が算出されます。

$R^2 = 0.90$ **(解終)**

回帰方程式(4)はよくデータを表現していることが分かります。

このことは、先の **例題1** に示した相関図と回帰直線の図からも確認できます。回帰直線はデータを表す点をよくなぞっています。

▌重相関係数

目的変量 y とその予測値 $\widehat{y}$ との相関係数 $r_{y\widehat{y}}$ を**重相関係数**といいます。
重相関係数は決定係数 R^2 の正の平方根と一致することが証明されています。

$$(\text{重相関係数}) \; r_{y\widehat{y}} = \sqrt{R^2} \cdots (7)$$

相関係数は2つの変量の親密度を表します（2章§4）。この関係(7)から、決定係数 R^2 が大きいと、目的変数 y とその予測値 $\hat{y}$ との相関係数 $r_{y\hat{y}}$ が大きいことになり、実測値 y と予測値 $\hat{y}$ が密接であることを示します。このことからも、決定係数が回帰方程式の精度を表す指標であることが確かめられます。

例題4 例題1 で求めた回帰方程式において、その重相関係数を求めてみましょう。

例題3 より決定係数 R^2 は0.90なので、式(7)から、

重相関係数 $r_{y\hat{y}} = \sqrt{0.90} = 0.95$ **（解終）**

値は1に近く、実測値と予測値とが親密であること、すなわち予想精度が良いことを表しています。

▌単回帰分析の回帰方程式の公式

これまで、回帰方程式の求め方の原理を調べてきました。以上の原理を利用すると、線形の単回帰方程式の公式が次のように得られます。

公式 2変量 x、y のデータがあり、y を目的変数、x を説明変数とするとき、回帰方程式

$$\hat{y} = a + bx$$

の切片 a、回帰係数 b は次のように与えられる。

$$b = \frac{s_{xy}}{s_x{}^2}, \quad \overline{y} = a + b\overline{x}$$

ここで、$\overline{x}$、$\overline{y}$ は各々2変量 x、y の平均値であり、s_{xy} はそれらの共分散、$s_x{}^2$ は変量 x の分散である。

(注) 証明は重回帰分析（3章§2）と共通です。そこで、重回帰分析の場合の証明と合体しました。付録Fを参照してください。

参考　線形の単回帰分析のための Excel 関数

　本書では、機械学習に応用できるように統計学の解説を進めています。そこで、し
くみに重点を置いています。ところで、線形の回帰分析を実行するだけなら、なにも
本節のような長い計算をする必要はありません。回帰分析は統計学の代表的なテーマ
であり、コンピュータには多くのツールが用意されているからです。

　たとえば、下図では、Excel を用いて本節 例題1 の回帰係数と切片、決定係数を求
めています。

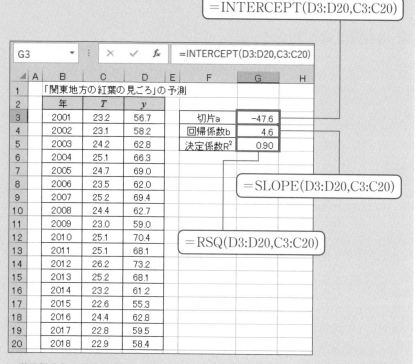

=INTERCEPT(D3:D20,C3:C20)

=SLOPE(D3:D20,C3:C20)

=RSQ(D3:D20,C3:C20)

G3	▾	:	×	✓	f_x	=INTERCEPT(D3:D20,C3:C20)		

▲	A	B	C	D	E	F	G	H
1		「関東地方の紅葉の見ごろ」の予測						
2		年	T	y				
3		2001	23.2	56.7		切片a	−47.6	
4		2002	23.1	58.2		回帰係数b	4.6	
5		2003	24.2	62.8		決定係数R^2	0.90	
6		2004	25.1	66.3				
7		2005	24.7	69.0				
8		2006	23.5	62.0				
9		2007	25.2	69.4				
10		2008	24.4	62.7				
11		2009	23.0	59.0				
12		2010	25.1	70.4				
13		2011	25.1	68.1				
14		2012	26.2	73.2				
15		2013	25.2	68.1				
16		2014	23.2	61.2				
17		2015	22.6	55.3				
18		2016	24.4	62.8				
19		2017	22.8	59.5				
20		2018	22.9	58.4				

　単回帰分析は重回帰分析に含まれるので、重回帰分析のための Excel 関数 LINEST
も利用できます。これについては、次節で調べます。

2 線形の重回帰分析

前節 (3章 §1) でも調べたように、統計学で古くから利用されている「回帰分析」は AI 予測アルゴリズムの基本です。本節では、前節で調べた「線形の単回帰分析」を拡張した「線形の重回帰分析」を調べます。

■ 単回帰分析と重回帰分析

複数の変量からなるデータにおいて、特定の1変量に着目し、他の変量で説明する手法を**回帰分析**といいます。そのうち、3変量以上からなるデータを分析対象にするのが**重回帰分析**です。

個体名	x	y
1	x_1	y_1
2	x_2	y_2
3	x_3	y_3
…	…	…
n	x_n	y_n

個体名	w	x	y
1	w_1	x_1	y_1
2	w_2	x_2	y_2
3	w_3	x_3	y_3
…	…	…	…
n	w_n	x_n	y_n

単回帰分析のデータ形式（2変量）　　重回帰分析のデータ形式（3変量以上）

単回帰分析のときと同様、変量 y を残りの変量で説明するとき、y を**目的変量**、それを説明する残りの変量を**説明変量**といいます。上の右の表では、x や w が説明変量になります。前節 (§1) と同様、回帰分析は「外的基準」を持つ典型的なデータ分析術です。

目的変量を説明変量で表す式が1次式となるとき、その回帰分析を**線形の回帰分析**と呼び、その1次式を**回帰方程式**と呼ぶことも、単回帰分析と同じです。上の右の表で、y を目的変量とし、$\widehat{y}$ をその「予測値」とする回帰方程式は次のように表せます。

$$\widehat{y} = a + bw + cx \quad (a、b、c は定数) \cdots (1)$$

このように回帰方程式を表したとき、定数aを**切片**といい、定数b, cを変量w、xの**偏回帰係数**といいます。

▌線形の重回帰分析のイメージ

回帰方程式(1)は空間における平面を表します。これを**回帰平面**と呼びます。変量数が3より大きいときは、紙面に概観図を描くことはできません。しかし、この回帰平面のイメージは、その理解に大変役立ちます。

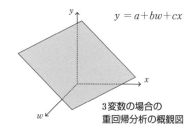

$$y = a + bw + cx$$

3変数の場合の
重回帰分析の概観図

回帰平面
3変量の重回帰分析では、回帰方程式は平面を表す。一般にn変量($n > 3$)のときは、n次元空間における「超平面」を表す。

▌線形の重回帰分析の具体例

具体例を用いて、重回帰分析のしくみを調べましょう。

例題1 下の表は東京における6月の平均気温w(℃)、平均相対湿度x(%)と、全国のアイス菓子類の全国年間販売量y(kℓ)を調べたものです。
線形の回帰分析を用いて、アイス菓子類の販売量yを、6月の平均気温w、平均湿度xから予測する回帰方程式を求めましょう。

年度	気温	湿度	販売量	年度	気温	湿度	販売量
2001	23.1	69	786,200	2010	23.6	71	819,340
2002	21.6	69	771,300	2011	22.8	73	809,400
2003	23.2	66	751,610	2012	21.4	74	823,290
2004	23.7	70	818,460	2013	22.9	75	841,560
2005	23.2	71	779,780	2014	23.4	75	829,851
2006	22.5	66	773,110	2015	22.1	75	836,009
2007	23.2	72	821,090	2016	22.4	73	863,114
2008	21.3	72	798,700	2017	22.0	80	890,956
2009	22.5	67	792.570	2018	22.4	81	929,031

(注) データは日本アイスクリーム協会と気象庁のWebページから引用。

最初に、回帰方程式を次のように仮定します。

$$\widehat{y} = a + bw + cx \quad (a、b、c は定数) \cdots (1)（再掲）$$

定数 a、b、c の求め方は、前節§1で調べた単回帰分析と同様です。確認していきましょう。

表記を簡単にするために、2001年度から起算した年を i とします。

例 2001年度のとき、$i = 1$、2018年度のとき、$i = 18$

その i 年度の6月の平均気温を w_i、平均相対湿度を x_i とし、その年度の全国のアイス菓子類の販売量を y_i と表すことにしましょう。すると、回帰方程式(1)の算出する予測値 $\widehat{y_i}$ と実測値 y_i との誤差（すなわち**残差**）ε_i は次のように定義できます。

$$\varepsilon_i = y_i - \widehat{y_i} = y_i - (a + bw_i + cx_i) \quad (i = 1, 2, 3, \cdots, 18) \cdots (2)$$

全年度について、この平方和を求めたものが、全体の誤差、すなわち**誤差関数** E です。

$$E = \{y_1 - (a + bw_1 + cx_1)\}^2 + \{y_2 - (a + bw_2 + cx_2)\}^2 + \cdots +$$
$$\{y_i - (a + bw_i + cx_i)\}^2 + \cdots + \{y_{18} - (a + bw_{18} + cx_{18})\}^2 \cdots (3)$$

E は式(2)の平方和。「残差平方和」という。

あとは誤差関数 E を最小にするように定数 a、b、c を数学的に決定すればよいわけです。ちなみに、この方法を「最小2乗法」と呼ぶことは、前節§1で調べました。

以上からわかるように、回帰方程式の求め方は、単回帰分析と基本的に同じです。

■ 回帰方程式を求める

例題1 のデータを利用して式(3)を最小にするパラメータ a、b、c を求めるのは、コンピュータの得意とするところです。具体的な計算は後述することにし

て、結果を示します。

$a=-266$、$b=5039$、$c=9767$ … (4)

こうして、回帰方程式が得られました。

$\widehat{y}=-266+5039w+9767x$ … (5) **(解終)**

　統計学的にデータ分析してみましょう。湿度xの偏回帰係数は気温wのそれよりも2倍近くになっています。気温1℃よりも、湿度1%の方が、2倍販売量に効いてくることが分かります。アイス類の販売には湿度の違いがより大切なのです。このように、偏回帰係数を比較することで、目的変数に対する説明変量の影響のしかたがわかります。

■ コンピュータによる 例題1 の計算

　式(3)で与えられる誤差関数Eを最小にするa、b、cを、Excelの標準アドイン「ソルバー」を用いて求めてみましょう。

(注) Excel「ソルバー」を利用しています。利用法は付録A参照。

	A	B	C	D	E	F
1		6月の気温・湿度とアイス類の全国生産量				
2						
3		a	−266			
4		b	5038.88			
5		c	9767.37			
6						
7		年度	気温w	湿度x	販売量y	誤差
8		2001	23.1	69	786,200	−3881
9		2002	21.6	69	771,300	−11223
10		2003	23.2	66	751,610	−9673
11		2004	23.7	70	818,460	15588
12		2005	23.2	71	779,780	−30340
13		2006	22.5	66	773,110	15354
14		2007	23.2	72	821,090	1203
22		2015	22.1	75	836,009	−7637
23		2016	22.4	73	863,114	37491
24		2017	22.0	80	890,956	−1023
25		2018	22.4	81	929,031	25269
26					E	5.39E+09

a、b、cをソルバーの「変数セル」に設定

式(3)の誤差関数Eをソルバーの「目的セル」に設定

　以上のワークシートからa、b、cを値(4)が得られます。

■ 重回帰分析の AI 的応用例

回帰方程式(5)は、次のような AI 予測に利用できます。

> **例題2** ある年6月の東京の平均気温が23℃、平均湿度が70%とします。回帰
> 方程式(5)を利用して、その年の年度末のアイス菓子類の販売量を予測してみ
> ましょう。

式(5)で、$w=23$、$x=70$として

$$\widehat{y} = -266 + 5039 \times 23 + 9767 \times 70 = 799321 \,(\mathrm{k\ell}) \,\textbf{(解終)}$$

アイスクリームメーカーの重要な販売情報を、年度末決算から9カ月前の6月
に予測できるのは、経営者や投資家にはうれしい話でしょう。

■ 重回帰分析の回帰方程式の公式

線形の重回帰分析について、回帰方程式の求め方を調べてきました。この考え
方に従えば、次の「線形の重回帰分析の公式」が得られます。

> **公式** 右の個票データがあるとき、変量yを目的
> 変量とした回帰方程式を次のように置くとする。
>
> | 個体名 | w | x | y |
> |---|---|---|---|
> | 1 | w_1 | x_1 | y_1 |
> | 2 | w_2 | x_2 | y_2 |
> | 3 | w_3 | x_3 | y_3 |
> | ... | ... | ... | ... |
> | n | w_n | x_n | y_n |
>
> $$\widehat{y} = a + bw + cx$$
>
> $(a、b、c は定数) \cdots (6)$
>
> すると、パラメータの値a、b、cは次の方程式を
> 解くことで得られる。ここで、$\overline{w}$、$\overline{x}$、$\overline{y}$ は各々変量w、x、yの平均値であり、
> s_{wx}、s_{wy}、s_{xy} は添え字の間の共分散、$s_w{}^2$、$s_x{}^2$ は添え字の分散を表す。
>
> $$\left. \begin{array}{l} s_w{}^2 b + s_{wx} c = s_{wy} \\ s_{wx} b + s_x{}^2 c = s_{xy} \end{array} \right\} \cdots (7)$$
>
> $$\overline{y} = a + b\overline{w} + c\overline{x} \cdots (8)$$

(注) この証明の詳細は長くなるので付録Hにまとめることにします。

式(8)を見てください。これは、回帰方程式(6)の描く平面(回帰平面)上に、平均値を表す点$(\overline{w}, \overline{x}, \overline{y})$が存在することを表しています。

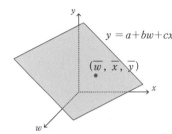

平均値を表す点$(\overline{w}, \overline{x}, \overline{y})$は回帰平面上にある。

ところで、式(7)は分散共分散行列(2章§4)を用いて、次の形にまとめられます。

$$\begin{pmatrix} s_w{}^2 & s_{wx} \\ s_{wx} & s_x{}^2 \end{pmatrix}\begin{pmatrix} b \\ c \end{pmatrix} = \begin{pmatrix} s_{wy} \\ s_{xy} \end{pmatrix}$$

このように表現すると、3変量以上に公式を一般化するのは容易です。

(注) 行列計算については付録Bを参照してください。

公式 目的変量をyとし、説明変量をx_1、x_2、…、x_nとする。線形の回帰方程式は、目的変量yの予測値を$\widehat{y}$として、次のように表せる。

$$\widehat{y} = a_0 + a_1 x_1 + a_2 x_2 + \cdots + a_n x_n$$

ここで、偏回帰係数a_1、a_2、…、a_n、切片a_0は次の公式を満たす。

$$\begin{pmatrix} s_1{}^2 & s_{12} & \cdots & s_{1n} \\ s_{12} & s_2{}^2 & \cdots & s_{2n} \\ \cdots & \cdots & \cdots & \cdots \\ s_{1n} & s_{2n} & \cdots & s_n{}^2 \end{pmatrix}\begin{pmatrix} a_1 \\ a_2 \\ \cdots \\ a_n \end{pmatrix} = \begin{pmatrix} s_{1y} \\ s_{2y} \\ \cdots \\ s_{3y} \end{pmatrix} \cdots (9)$$

$$\overline{y} = a_0 + a_1 \overline{x}_1 + a_2 \overline{x}_2 + \cdots + a_n \overline{x}_n$$

$\overline{y}$、$\overline{x}_1$、$\overline{x}_2$、…、$\overline{x}_n$は、順に目的変量y、説明変量x_1、x_2、…、x_nの平均値、$s_i{}^2$は変量x_iの分散、s_{ij}は変量x_i、x_jの共分散$(i, j=1, 2, …, n)$を表す。また、s_{iy}は変量x_iと目的変量yの共分散を表す。

式(9)左辺の正方行列は分散共分散行列です。この逆行列を計算することで(付録B)、偏回帰係数が求められます。

決定係数

回帰方程式が元のデータをどれほど説明しているかを示す指標に**決定係数**と**重相関係数**があります。これらは単回帰分析と同様です。すなわち、目的変量y、その予測値$\widehat{y}$として、次の関係が成立します。

$$（決定係数）R^2 = \frac{s_{\widehat{y}}^2}{s_y^2}、（重相関係数）r_{y\widehat{y}} = \sqrt{R^2}$$

意味や算出法は単回帰分析のときと同様なので解説の重複は避けます。**例題1**について実際に計算すると、値は以下のようになります。

$$R^2 = 0.84、r_{y\widehat{y}} = 0.92$$

例題1の回帰方程式はそこそこに良い精度であることがわかります。

(注) R^2の値は右のワークシートの中のLINEST関数が出力しています。

メモ ▶ 自由度調整済み決定係数

決定係数は回帰方程式とデータとの"あてはまりの良さ"を示す値です。しかし、困ったことに、説明変数を増やすと単純に増加してゆくという性質を持っています。"役に立たない説明変数"であっても、回帰方程式に付け加えると、決定係数は大きくなり、"予測の精度"を"見かけ上"高めてしまうのです。

このような決定係数の欠点を補うために、**自由度調整済み決定係数** $\widehat{R^2}$ というものが定義されています。

$$\widehat{R^2} = 1 - \frac{n-1}{n-k-1}(1-R^2)$$

ここで、R^2は上記の決定係数、nはデータの大きさ(個体数)、kは説明変数の個数です。重回帰分析では、回帰方程式の精度を考えるとき、決定係数R^2と同様、この自由度調整済み決定係数$\widehat{R^2}$も多用されます。

(注) Excelの「データ分析ツール」にある「回帰分析」を利用すると、この値も算出してくれます。ただし、そこでは「補正R2」と名付けられています。

線形の重回帰分析のための Excel 関数

先の単回帰分析（§1）と同様、重回帰分析を実行するだけなら、なにも本節のような長い計算をする必要はありません。回帰分析は統計学の代表的な分析術であり、コンピュータには多くのツールが用意されているからです。たとえば、下図では、Excelを用いて本節 例題1 の回帰方程式を求めています。利用している関数はLINESTです。

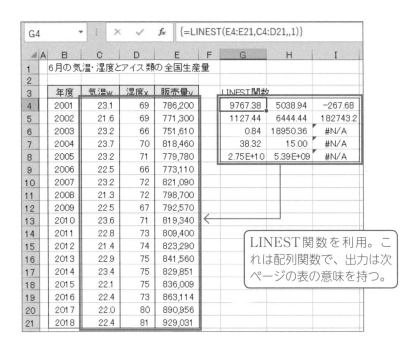

ここで、LINEST関数は配列関数であり、出力値は次の意味を持ちます。

xの係数	wの係数	切片
xの係数の標準誤差	wの係数の標準誤差	切片の標準誤差
決定係数	回帰式の標準誤差	
回帰分散／残差分散	残差の自由度	
回帰式の偏差平方和	残差の偏差平方和	

(注) 標準誤差、自由度については、本書は触れていません。

3 非線形の回帰分析と 対数線形モデル

1次式の回帰方程式を持たない「非線形の回帰分析」を調べましょう。人気商品の売れ具合や生物の増殖など、急激に増加したり減少したりする現象の説明に利用されます。

▍非線形の回帰分析

本章§1、§2では線形の回帰分析を調べました。しかし、線形のモデルでは説明がつかないデータにしばしば遭遇します。そこで登場するのが**非線形回帰分析**です。

しかし、「線形の回帰分析」を理解していれば、話は容易です。目的変数を変換し、「線形の回帰分析」に帰着させるだけだからです。

本節では、わかりやすい**対数線形モデル**を例にして、非線形回帰分析を調べることにしましょう。このモデルは目的変数yが説明変数xの指数関数として説明される場合に利用されるモデルです。すなわち、次のような関数を回帰方程式にするモデルが「対数線形モデル」です。

$$y = a \cdot b^x \quad (a、bは正の定数 (b \neq 1)) \cdots (1)$$

平たく言えば、変量yが変量xに関して等比数列的(すなわち、ねずみ算的)に増大したり、減少したりする場合に有用なモデルです。

この関数のグラフは次のような形になります。これらは**指数曲線**と呼ばれる有名なグラフです。

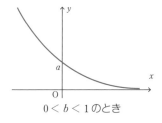

$0 < b < 1$のとき

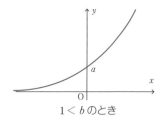

$1 < b$のとき

データをグラフに示すとき、点列がこのような指数曲線の形に添うように配置されるとき、式(1)で示した対数線形モデルが有効になります。

ちなみに、この指数曲線のように、非線形の単回帰方程式が表す曲線を一般的に**回帰曲線**と呼びます。

対数線形モデルの具体例

対数線形モデルのしくみを具体例で調べてみましょう。

例題1 下の表は2011年度から調べた、世界のIP通信のデータ総量です（単位はエクサバイト/月）。このデータを対数線形モデルで調べてみましょう。

年	通信量
2011	31
2012	44
2013	51
2014	60
2015	73
2016	96
2017	122
2018	156

【表1】世界のIP通信のデータ総量

(注) 通信量の単位はエクサバイト/月。出典は総務省のWebページ。

最初に、このデータを図示しましょう（右図）。年が進むにつれ、棒の高さは指数関数的に高くなっています。「対数線形モデル」が利用できそうです。

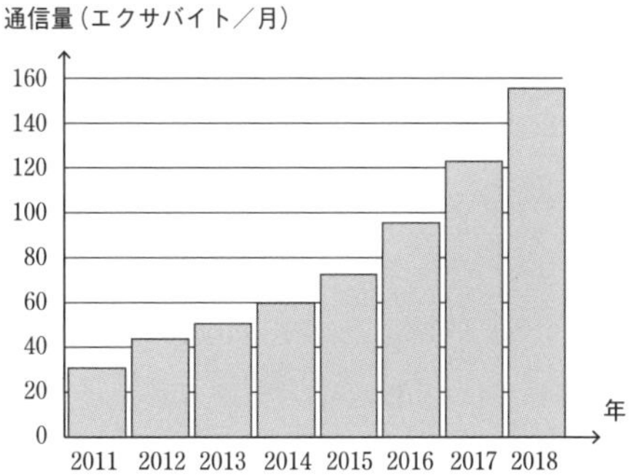

通信量（エクサバイト／月）

変数を変換して線形モデル化

式を簡単にするために、2010年からの経年数で数えることにします。その経

年数を説明変量 x とし、目的変量は「通信量」を y とします。さらに、目的変量 y の常用対数 $\log y$ を Y と表します。

$$Y = \log y \cdots (2)$$

(注) 常用対数である必然性はありません。自然対数もよく利用されます。

年	経年 x	通信量 y	$Y = \log y$
2011	1	31	1.49
2012	2	44	1.64
2013	3	51	1.71
2014	4	60	1.78
2015	5	73	1.86
2016	6	96	1.98
2017	7	122	2.09
2018	8	156	2.19

【表2】【表1】に経年数 x と常用対数値 Y を付加

この表をグラフで表してみましょう。

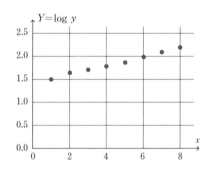

横軸を経年 x、縦軸を $Y = \log y$ として、上の表をグラフ化。点はほぼ直線状に並ぶ。

$Y (= \log y)$ が経年 x の1次式（すなわち直線の式）として表せそうです。すなわち、線形の回帰分析が有効であることが図からわかります。そこで、$Y (= \log y)$ を新たな目的変量として、本章§1で調べた線形の単回帰分析を行ってみましょう。Y の予測値を $\widehat{Y}$ として、その結論を示しましょう（Excelによる計算例は後述）。

$$\widehat{Y} = 1.413 + 0.096x \cdots (3)$$

式(3)で表される回帰直線を上のグラフに重ねてみましょう。

よく一致しています。

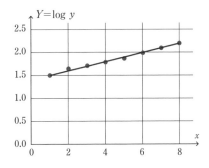

式(3)の意味。$Y(=\log y)$を縦軸に
とると、Yとxの関係はほぼ直線に
重なる。この直線を表すのが式(3)。

式(3)から、yとxの関係を表してみましょう。$Y=\log y$なので、常用対数の定義から、yの予測値を$\widehat{y}$として、次の式が得られます。

$$\widehat{y} = 10^{1.413+0.096x} \cdots (4)$$

ここで、

$$10^{1.413} = 25.9、10^{0.096} = 1.25$$

から指数法則を利用して、次の回帰方程式が得られます。

$$\widehat{y} = 25.9 \times 1.25^x \cdots (5) \textbf{(解終)}$$

こうして通信量yの予測値が年xの式として表現できました。以上が線形対数モデルによる分析の考え方です。式(5)のグラフを元のグラフと重ねて描いてみます。棒グラフをしっかり追尾していることが分かります。

通信量（エクサバイト／月）

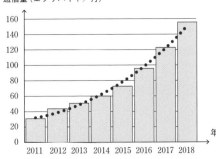

点線は回帰方程式(5)のグラフ（回帰曲線）。ただし、「年」は西暦そのままを利用。

データをグラフ化したとき、それが曲線になることはしばしばです。その際には、本節で利用した変数変換を施し、線形の回帰分析を応用する方法がよく利用されます。

非線形回帰分析の AI 的応用例

統計学で有名な回帰分析が機械学習でよく利用されるのは、それが予測に利用できるからです。次の 例題2 で、このことを確認しましょう。

例題2 2025年の世界のIP通信のデータ総量をAI予測しましょう。

予測は簡単です。式(5)に $x=15$ を代入します。

$$\widehat{y} = 25.9 \times 1.25^{15} = 736 \text{（エクサバイト／月）} \textbf{（解終）}$$

システム設計をする技術者にとって、このような予測は大変貴重です。

コンピュータによる 例題1 の計算

Excelを利用して線形の回帰方程式(3)を求める計算例を示します。

E3			× ✓ f_x	=LOG(D3)			
◢ A	B	C	D	E	F	G	H
1	世界のIP通信データ総量						
2	年	経年x	通信量y	$Y=\log y$			
3	2011	1	31	1.49		切片	1.413
4	2012	2	44	1.64		回帰係数	0.096
5	2013	3	51	1.71		決定係数	0.992
6	2014	4	60	1.78			
7	2015	5	73	1.86			
8	2016	6	96	1.98			
9	2017	7	122	2.09			
10	2018	8	156	2.19			

（注） しくみを忠実に再現して式(4)を導出しました。結論だけを簡単に算出したければ、GROWTH関数などの非線形回帰分析用のExcel関数が利用できます。

回帰直線 $Y=a+bx$ の切片 a はINTERCEPT関数、傾き（すなわち回帰係数）b はSLOPE関数で求められる。ちなみに、決定係数もRSQ関数で求めている（本章§1節末≪メモ≫）。

ロジスティック回帰分析

　これまで調べてきた回帰分析は、目的変数が連続的な値をとる場合です。実際の応用では、目的変数が離散値をとる場合も大切です。

■ ロジスティック回帰分析の具体例

　離散値を分析・予測する代表例が**ロジスティック回帰分析**です。ある事柄が起こるかどうかを予測したい場合や、分類問題を考える場合に用いられます。次の例で調べてみましょう。

例題1 次のデータは、ある会社の社員9人について、1日平均のジョギング時間（x分）、ストレッチ時間（y分）、そして毎朝爽快の当否（t）を調査したものです（tは1が爽快、0が爽快でないことを表します）。データから、「毎朝爽快」の当否tとx、yの関係を調べましょう。

社員番号	1	2	3	4	5	6	7	8	9
爽快t	1	1	1	1	1	0	0	0	0
ジョギングx	27	19	23	12	25	1	5	9	17
ストレッチy	18	9	22	18	12	13	4	4	13

(注) この例題は「毎朝が爽快」かどうかの2群への「分類」問題とも考えられます。

　このような問題に対しては、「毎朝の爽快の当否」tをいきなり目的変数にしないのがコツです。§3で調べた「対数線形モデル」のときと同様、tを変換します。すなわち、tを「毎朝が爽快である」確率を表すpに変換するのです。そして、この確率pが0.5以上なら爽快、それ未満なら爽快でないというシナリオを用いるのです。

毎朝爽快の当否（t）　→　**毎朝爽快の確率（p）**

$$\begin{cases} t=1 : 爽快である \\ t=0 : 爽快でない \end{cases} \qquad \begin{cases} 0.5 \leq p \leq 1 : 爽快である確率 \\ 0 \leq p < 0.5 : 爽快でない確率 \end{cases}$$

本節のシナリオ

■ シグモイド関数で確率に変換

では、このシナリオに従って、計算を進めましょう。最初に、線形の回帰分析のときのように、次の1次式で表された変数sを考えます。

$$s = ax + by + c \quad (a、b、c は定数) \cdots (1)$$

前節までと異なる点は、シナリオで述べた確率pを、このsで表現できないことです。確率pには $0 \leq p \leq 1$ という条件があるからです。そこで、さらにsを次の**シグモイド関数**で変換します。

$$p = \sigma(s) \cdots (2)$$

ここで、**シグモイド関数** $\sigma(s)$ は次のように定義される関数です（グラフは右図）。

$$\sigma(s) = \frac{1}{1 + e^{-s}} \cdots (3)$$

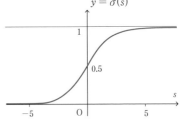

グラフからわかるように、関数の値は0と1の間に収まっています。確率的に解釈できるのです。また、$s > 0$ なら値は0.5より大きくなり、$s < 0$ なら値は0.5より小さくなります。すなわち、次の関係が得られます。

毎朝爽快の確率(p)	→	毎朝爽快の指標(s)	
$\begin{cases} 0.5 \leq p \leq 1 : 爽快である確率 \\ 0 \leq p < 0.5 : 爽快でない確率 \end{cases}$		$\begin{cases} s \geq 0 : 爽快である \\ s < 0 : 爽快でない \end{cases}$	$\cdots (4)$

式(1)のsの正負が「毎朝が爽快」の判定条件になるのです。

■ 交叉エントロピーで誤差関数を表現

次に、誤差関数（本章§1）を定義しましょう。誤差関数としては、次の**交叉エントロピー**を採用するのが普通です。

$$S = S_1 + S_2 + S_3 + \cdots + S_9 \cdots (5)$$

ここで、S_i は、i を社員番号、p_i をその社員に対する式(2)の値として、次の

ように定義します。

$$S_i = -\{t_i \log p_i + (1-t_i)\log(1-p_i)\} \quad (i = 1, 2, 3, \cdots, 9) \cdots (6)$$

誤差関数として交叉エントロピー(3)を利用するのは、最適化の計算がしやすいからです(節末≪メモ≫参照)。

(注) 対数は自然対数です。log を ln と表記する文献も多数あります。

■ 交叉エントロピーの最小化

式(5)で定義されたSはa、b、cの関数です。この最小値を求めるのはコンピュータの得意とするところです。その計算結果を以下に示しましょう(Excelによる計算方法は後述)。

$a=0.33$、$b=0.31$、$c=-8.67 \cdots$ (7)

式(1)に代入して、$s=0.33x+0.31y-8.67 \cdots$ (8)

式(4)の判定条件を利用して、次の結果が得られます。

$$\left.\begin{array}{l} s = 0.33x+0.31y-8.67 > 0 \text{ のとき「毎朝爽快」}(t=1) \\ s = 0.33x+0.31y-8.67 < 0 \text{ のとき「毎朝爽快でない」}(t=0) \end{array}\right\} \cdots (9)$$

こうして、tとx、yの関係がわかりました。**(解終)**

結論の式(9)を評価してみましょう。「毎朝爽快の当否」tを予測してみます(次の表)。社員番号9の予測が間違っていますが、だいたいデータをよく説明しています。

社員番号	1	2	3	4	5	6	7	8	9
実測値	1	1	1	1	1	0	0	0	0
予測値	1	1	1	1	1	0	0	0	1

表 「爽快」の実測値と予測値(1が「爽快」、0が「爽快でない」)

▌式(8)のsの意味

式(8)の変数sの意味を調べるために、式(8)のsの値を直線状にプロットしてみましょう(値は後述のExcelシートを参照)。

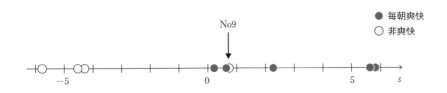

先にも調べたように、変数sはその正負が「毎朝爽快」「爽快でない」を判別する指標です。このことを別の表現にすると、2群ができるだけ分離されるように、a、b、cの値が決定されたのです。このアイデアは後述の「線形判別分析」や「数量化Ⅲ類」の分析技法にも利用されます。

■ コンピュータによる 例題1 の計算

式(7)のa、b、cを求めるための、Excel計算例を示しましょう。

(注) 最小値はExcelの標準アドインであるソルバーを利用しています（付録A）。

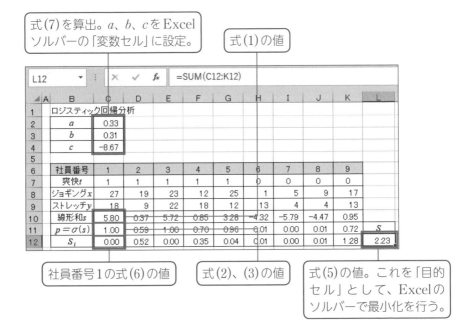

式(7)を算出。a、b、cをExcelソルバーの「変数セル」に設定。

式(1)の値

社員番号1の式(6)の値

式(2)、(3)の値

式(5)の値。これを「目的セル」として、Excelのソルバーで最小化を行う。

■ ロジスティック回帰分析の AI 的応用例

例題1 の結果を AI 予測に利用してみます。

> 例題2 例題1 の結果を利用して、1日平均のジョギング時間が15分、スト
> レッチ時間が10分の社員が「毎朝爽快」かどうかを予測してみましょう。

式(8)に $x=15$、$y=10$ を代入します：$s=0.33\times15+0.31\times10-8.67=-0.62$
これから、判定条件(9)より、「爽快でない」ことが予測されます。**(解終)**

//

参考 **交叉エントロピーの意味**

式(6)の形を見てみましょう。

$$S_i=-\{t_i\log p_i+(1-t_i)\log(1-p_i)\}=t_i\{-\log p_i\}+(1-t_i)\{-\log(1-p_i)\}$$

右のグラフを見てください。p_i が0と1の間の数
なので、この S_i は正の値になります。

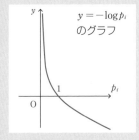

$y=-\log p_i$ のグラフ

ところで、「毎朝爽快の当否」t_i が1（爽快）のとき、
「毎朝が爽快」の確率 p_i は1に近いことが期待されま
す。このとき、$-\log p_i$ は小さい正の値になります。

また、「毎朝爽快の当否」t_i が0（爽快でない）のとき、
「毎朝が爽快」の確率 p_i は0に近いことが期待されま
す。このとき、$-\log(1-p_i)$ は小さい正の値になります。

以上から、期待と一致するとき、上記 $S_i(>0)$ は0に近くなるのです。

このような性質を持つ上記 S_i を、データ全体について合算したのが式(5)の交叉エ
ントロピー S です。すると、この $S(>0)$ がより小さければ、より分析モデルはデー
タにフィットしていることになります。

以上が本節の交叉エントロピーを用いた計算原理です。

このようなアイデアは物理学から生まれています。物理学ではエントロピー S を「状
態の混じり具合」と解釈します。よく混じった状態は「エントロピーが大きい」と解釈
し、分離した状態を「エントロピーが小さい」と解釈します。

式(1)で行った x、y から新変数 s への対応付けは、「爽快」t の予測値を0と1にでき
るだけ分離させるためのものです。そこで、上記の性質を持った（交叉）エントロピー
を小さくすれば、「爽快」「爽快でない」が分離され、式(1)の最適なパラメータ a、b、
c が求められると考えられるのです。

<table>
<tr><td>**5**</td><td>線形判別分析</td></tr>
</table>

統計学を利用したデータの群分け法としては、古くから「判別分析」が有名です。本節では、その判別分析の中で、判別のために1次式を用いる「線形判別分析」を調べます。機械学習で有名な判別技法の「SVM」と似ていますが、式の導出の発想は大きく異なります。

(注) 本節では考え方だけを示し、数学的な方法には言及していません。数学的な扱い方については、付録Hを参照してください。

■ 線形判別分析の具体例

線形判別分析では、相関比が利用されます（2章 §5）。具体例で、そのしくみを調べましょう。

例題1 次の個票データは、ある大学の男女各々10人の学生について、身長xと体重yを調べたデータです。「相関比の最大化」という原理を用いて、男女を判別する1次式を作成しましょう。

番号	身長x	体重y	性別	番号	身長x	体重y	性別
1	151.1	43.7	女	11	184.9	75.5	男
2	155.9	46.2	女	12	181.3	78.9	男
3	159.4	49.5	女	13	171.4	66.2	男
4	154.6	56.3	女	14	168.6	61.0	男
5	162.9	50.9	女	15	162.3	55.7	男
6	158.3	63.5	女	16	179.9	80.6	男
7	171.7	59.8	女	17	179.5	66.1	男
8	160.8	51.7	女	18	173.4	61.2	男
9	153.4	58.3	女	19	167.9	61.3	男
10	161.2	46.8	女	20	177.9	77.2	男
	(cm)	(kg)			(cm)	(kg)	

データを相関図に示します（次図左）。男女のデータが重なり合っている部分があり、これを直線で2群に分離することは不可能です。そこで、なにか合理性をもって「エイッ」と強引に分割することにしましょう。線形判別分析は、合理

性として「相関比の最大化」を利用します（次図右）。

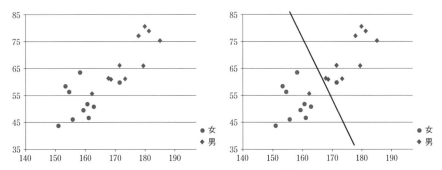

男女を●、◆で区別した相関図。男女の点列を、「相関比の最大化」という基準も用いて、直線（すなわち1次式）で分割するのが線形判別分析。

　ちなみに、この 例題1 では、「身長」、「体重」という2変量で群分けしているので、分割のための1次式は直線を表します。群分けのための変量が3変量の場合は「平面」になります。さらに、4変量以上の場合には「超平面」がこの分割直線の役割を果たします。

(注) 超平面とは3次元空間の平面をn次元空間に拡張した平面のこと。

■ 相関比の復習
線形判別分析の話に入る前に、**相関比**について復習しましょう。

(注) 相関比の詳細は2章§5参照。

　一般的に次の個票データを見てみます。これは、2群P、Qを対象に、ある1変量zについての調査データです。

個体名	z	群	個体名	z	群
1	z_1	P	$m+1$	z_{m+1}	Q
2	z_2	P	$m+2$	z_{m+2}	Q
…	…	…	…	…	…
m	z_m	P	n	z_n	Q

　さて、**相関比**η^2は次のように定義されます。

$$\eta^2 = \frac{S_\mathrm{B}}{S_\mathrm{T}} \cdots (1)$$

ここで、左辺の分母 S_T は**全変動**、分子 S_B は**群間変動**です。

$$S_T = \{(z_1-\overline{z})^2+\cdots+(z_i-\overline{z})^2+\cdots+(z_m-\overline{z})^2\}$$
$$+\{(z_{m+1}-\overline{z})^2+\cdots+(z_j-\overline{z})^2+\cdots+(z_n-\overline{z})^2\} \cdots (2)$$
$$S_B = n_p\,(\overline{z}_p-\overline{z})^2+n_Q\,(\overline{z}_Q-\overline{z})^2 \cdots (3)$$

これらの式で利用されている記号は次の通りです。

記号	意味
m、n	mは群Pの個体数、nは2群P、Qを併せた個体数（すなわちデータの大きさ）
n_P、n_Q	順に、群P、群Qの個体数。すなわち、$n_P=m$、$n_Q=n-m$
$\overline{z}$	データ全体の平均値（全平均）
$\overline{z}_P$、$\overline{z}_Q$	順に、群P、群Qのデータの平均値

このように定義された**相関比** η^2 は次の範囲の値を取ります。

$$0 \leq \eta^2 \leq 1 \cdots (4)$$

大切なことは、次の性質です。

> 相関比 η^2 が1に近いとき2群はよく分離されていることを示し、相関比 η^2 が0に近いとき2群は重なっていることを示す

この性質が線形判別分析に役立ちます。

■ **群が離れて見える変量を合成**

　これからは一般化しやすいために、「女」、「男」の群を各々P、Qとし、「身長」、「体重」を単にx、yと表すことにして、話を進めます。

　問題解決の原理は、2群P、Qができるだけ離れて見える「1次式の新変量」を

合成することです。その「合成変量」をzと表し、次のように置いてみましょう。この式が線形判別分析の基本となる**線形判別関数**です。

$$z = ax + by + c\ (a、b、c は定数)\ \cdots (5)$$

(注) a、bを判別係数といいます。

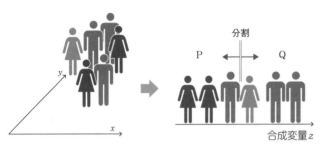

P、Qができるだけ離れて見えるような合成変量zを探すと、2群の分割は容易。

分割

P ← → Q

合成変量z

■ 変量合成の原理は相関比の最大化

「2群が最も離れて見えるように」という決定原理から、どうやって線形判別関数(5)を決定すればよいでしょうか。そこで登場するのが、式(1)の**相関比** η^2 です。

先に復習したように、相関比 η^2 は2群の離れ具合を与える指標です。その η^2 が大きいほど2群は離れていることを表します。そこで、合成変量zの相関比 η^2 が最大になるように、式(5)を決定すればよいことになります。

■ 全変動 S_T を計算

式(2)の S_T を求めてみます。S_T は式(5)で与えられた合成変量zの全変動で、次のように変形できます。

$$S_\mathrm{T} = (z_1 - \overline{z})^2 + \cdots + (z_n - \overline{z})^2 = na^2 s_x^2 + 2nab s_{xy} + nb^2 s_y^2 \cdots (6)$$

ここで、nはデータの個体数、$\overline{z}$、$\overline{x}$、$\overline{y}$は各々変量z、x、yの平均値、s_x^2、s_y^2は各々変量x、yの分散、s_{xy}は変量x、yの共分散を表します。

(注) 式(6)の証明は≪メモ≫参照。

例題のデータから次の値が得られます。

$n = 20$、$s_x^2 = 100.5$、$s_{xy} = 91.6$、$s_y^2 = 116.6$

これらを式(6)に代入して、S_T は以下のように求められます。

$$S_{\mathrm{T}} = 20(100.5a^2 + 183.2ab + 116.6b^2) \cdots (7)$$

■ 群間変動 S_{B} を計算

式 (3) の S_{B} を調べましょう。線形判別関数 (5) をこの式 (3) に代入します。

$$S_{\mathrm{B}} = n_{\mathrm{P}}\,(a\overline{x}_{\mathrm{P}} + b\overline{y}_{\mathrm{P}} + c - a\overline{x} - b\overline{y} - c)^2 + n_{\mathrm{Q}}\,(a\overline{x}_{\mathrm{Q}} + b\overline{y}_{\mathrm{Q}} + c - a\overline{x} - b\overline{y} - c)^2$$

整理すると、次のようにまとめられます。

$$S_{\mathrm{B}} = n_{\mathrm{P}}\,\{a(\overline{x}_{\mathrm{P}} - \overline{x}) + b(\overline{y}_{\mathrm{P}} - \overline{y})\}^2 + n_{\mathrm{Q}}\,\{a(\overline{x}_{\mathrm{Q}} - \overline{x}) + b(\overline{y}_{\mathrm{Q}} - \overline{y})\}^2 \cdots (8)$$

$\overline{x}_{\mathrm{P}}$、$\overline{y}_{\mathrm{P}}$、$\overline{x}_{\mathrm{Q}}$、$\overline{y}_{\mathrm{Q}}$ は各々男女の群内の変量 x、y の平均値を表します。
例題のデータを利用して、実際に (8) の群間変動 S_{B} を求めましょう。

$$\left.\begin{array}{l} n_{\mathrm{P}} = 10、\ n_{\mathrm{Q}} = 10、\ \overline{x} = 166.8、\ \overline{y} = 60.5 \\ \overline{x}_{\mathrm{P}} = 158.9、\ \overline{y}_{\mathrm{P}} = 52.7、\ \overline{x}_{\mathrm{Q}} = 174.7、\ \overline{y}_{\mathrm{Q}} = 68.4 \end{array}\right\} \cdots (9)$$

これらの値 (9) を式 (8) に代入して (四捨五入で小数に齟齬がありますが)、

$$S_{\mathrm{B}} = 10\{-7.9a - 7.9b\}^2 + 10\{7.9a + 7.9b\}^2 = 20(7.9a + 7.9b)^2 \cdots (10)$$

メモ ●式 (6) の証明

式 (6) は次のように証明されます。
$$\begin{aligned} S_{\mathrm{T}} &= (z_1 - \overline{z})^2 + \cdots + (z_n - \overline{z})^2 \\ &= (ax_1 + by_1 + c - a\overline{x} - b\overline{y} - c)^2 + \cdots + (ax_n + by_n + c - a\overline{x} - b\overline{y} - c)^2 \\ &= \{a(x_1 - \overline{x}) + b(y_1 - \overline{y})\}^2 + \cdots + \{a(x_n - \overline{x}) + b(y_n - \overline{y})\}^2 \\ &= a^2\,\{(x_1 - \overline{x})^2 + \cdots + (x_n - \overline{x})^2\} \\ &\quad + 2ab\{(x_1 - \overline{x})(y_1 - \overline{y}) + \cdots + (x_n - \overline{x})(y_n - \overline{y})\} \\ &\quad + b^2\,\{(y_1 - \overline{y})^2 + \cdots + (y_n - \overline{y})^2\} \\ &= na^2 s_x^2 + 2nabs_{xy} + nb^2 s_y^2 \quad \cdots (6)\,(再掲) \end{aligned}$$
なお、式 (5) から得られる次の関係を利用しています。
$$\overline{z} = a\overline{x} + b\overline{y} + c$$

以上の結果 (7)、(10) を相関比の式 (1) に代入します。

$$\eta^2 = \frac{S_{\mathrm{B}}}{S_{\mathrm{T}}} = \frac{20(7.9a + 7.9b)^2}{20(100.5a^2 + 183.2ab + 116.6b^2)} \cdots (11)$$

相関比が線形判別関数(5)の係数で表現できました。

■ 合成変量 z の分散を仮定

式(11)の形を見ればわかるように分母・分子は同次式です。相関比最大化の条件からは、a、b の比しか値が確定しません。そこで、次の式(12)を要請するのが普通です。

$$S_{\mathrm{T}} = n \; (n はデータの大きさで、例題では 20) \cdots (12)$$

(注) S_{T} は合成変量 z の全変動なので、この要請(12)は変量 z の分散が1になることを求めていることになります。

この要請(12)から、式(7)の S_{T} は次のように表せます。

$$20(100.5a^2 + 183.2ab + 116.6b^2) = 20$$
$$すなわち、100.5a^2 + 183.2ab + 116.6b^2 = 1 \cdots (13)$$

この条件(13)のもとで、式(11)の相関比 η^2 を最大化すれば、a、b の値が得られます。この計算はコンピュータの得意とするところです。実際に計算してみましょう(Excelによる計算例は後述)。

$$a = 0.076、b = 0.025 \cdots (14)$$

(注) 式(13)の条件の下で式(11)の相関比を最大にするとき、a、b には符号の任意性が残ります。ここでは a が正符号の解を採用しました。

■ 定数項を決定

結果の式(14)を線形判別関数(5)に代入してみましょう。

$$z = 0.076x + 0.025y + c \cdots (15)$$

ところで、相関比(1)に含まれる式は変動、すなわち偏差平方和で構成されています。そこで、この定数項 c は相関比(11)からは消えています。ということは、定数項 c は相関比の論理からは決められないのです!(この点が、機械学習で人気のSVMと異なる点です(節末≪参考≫参照)。)

一般的に、定数項 c は合成変量 z の解釈がしやすいように決定されます。いく

つかの有名な決め方がありますが、ここでは次の条件で決定することにします。

$$\frac{\overline{z}_P + \overline{z}_Q}{2} = 0 \quad \text{すなわち、} \quad \overline{z}_P + \overline{z}_Q = 0 \cdots (16)$$

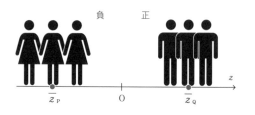

負　正

原点Oが2群の平均値の中点になるように、定数項cを決定する。すると、2群はzの正負で区別できるようになる。

$\overline{z}_P$　O　$\overline{z}_Q$　z

　式(16)は、新変数zに関して、2群の平均値$\overline{z}_P$、$\overline{z}_Q$の中点が原点になることを意味します。こうすれば、図のように2群が明確に分離されているとき、zの正負で2群が区別できるようになります。

　では、この条件(16)を満たすように定数項cを決定してみましょう。線形判別関数$z = ax + by + c$に2群の平均値を代入して、

$$\overline{z}_P = a\overline{x}_P + b\overline{y}_P + c, \quad \overline{z}_Q = a\overline{x}_Q + b\overline{y}_Q + c$$

これから

$$\frac{\overline{z}_P + \overline{z}_Q}{2} = a\frac{\overline{x}_P + \overline{x}_Q}{2} + b\frac{\overline{y}_P + \overline{y}_Q}{2} + c$$

条件(16)を代入して、次の関係が得られます。

$$0 = a\frac{\overline{x}_P + \overline{x}_Q}{2} + b\frac{\overline{y}_P + \overline{y}_Q}{2} + c, \quad \text{すなわち} \quad c = -a\frac{\overline{x}_P + \overline{x}_Q}{2} - b\frac{\overline{y}_P + \overline{y}_Q}{2}$$

実際の値を代入してみましょう。式(9)、(14)より、

$$c = -0.076 \times \frac{158.9 + 174.7}{2} - 0.025 \times \frac{52.7 + 68.4}{2} = 14.2$$

これを(15)に代入してみましょう。

$$z = 0.076x + 0.025y - 14.2 \cdots (17)$$

こうして、線形判別関数が決定されました。**(解終)**

線形判別関数 $z=0$ は 2 群の境界線

線形判別関数(17)で、$z=0$ と置いてみましょう。

$0.076x + 0.025y - 14.2 = 0 \cdots (18)$

この式は xy 平面上の直線を表しますが、相関図の上に描いてみましょう。男女をほぼしっかりと分割していることが分かります。

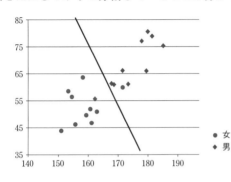

直線(18)を相関図上に描く（再掲）。この直線が最初に示した群分けの直線。（●が女性、◆が男性）

判別得点を算出

結論の式(17)に 例題1 のデータを入力し、線形判別関数の値を計算してみましょう。この値を**判別得点**といいます。

この表を見ると、判別得点 z が正のとき「男性」を、負のとき「女性」を表していることが分かります。線形判別関数(17)の正負でデータを群分けできたことになります。

番号	性別	判別得点z	番号	性別	判別得点z
1	女	−1.61	11	男	1.75
2	女	−1.19	12	男	1.56
3	女	−0.84	13	男	0.49
4	女	−1.03	14	男	0.15
5	女	−0.54	15	男	−0.46
6	女	−0.57	16	男	1.50
7	女	0.35	17	男	1.10
8	女	−0.68	18	男	0.52
9	女	−1.07	19	男	0.10
10	女	−0.77	20	男	1.26

z の値、すなわち、判別得点を示す。正の値が男子を、負の値が女子を表す。

【表1】判別得点

　ちなみに、番号7の女子学生と、番号15の男子学生が、正しく判別されていません。これは先に調べた相関図を見れば理由がわかります。データを1次式で単純に分類する際には、多少の誤認は避けがたいのです。

▍線形判別関数を統計学的に解釈

　結論の式(17)を利用してデータを分析してみましょう。左記の「判別得点」の表からわかるように、「身長」x、「体重」yが共に大きくなると、zは大きくなります。こう考えると、新変量zは「体格」を表していることがわかります。そして、式(17)から、その「体格」zが大きいと男子を、小さいと女子を表していることがわかるのです。

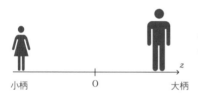

zは「体格」を表していると考えられる。zが大きいと男子を、小さいと女子を表している。

小柄　　　　　0　　　　　大柄

　「身長」を表す変量xの係数が「体重」を表す変量yの係数の約3倍です。男女を区別するために合成した変量zには、身長が体重より3倍の大きさで寄与しているわけです。このことから、男女を区別する大きな要因は体重より身長であることがわかります。

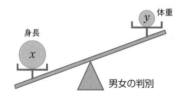

男女を区別する要因は体重より身長であることが、線形判別関数から見て取れる。

　このように、線形判別関数の形を見ることで、群分けに寄与する変量の重要度がわかります。

▍判別的中率

　判別分析において、データをどれくらい正しく分類したかの目安を与える指数

が**判別的中率**です。これは次のように定義されます。

$$判別的中率 = \frac{正しく判定された個体 数}{全個体数}$$

判別的中率の反対の考えから**誤判別率**が定義されます。

$$誤判別率 = \frac{誤判別された個体数}{全個体数}$$

たとえば、 例題1 では、判別得点の【表1】から、次の値になります。

$$判別的中率 = \frac{18}{20} = 0.9、誤判別率 = \frac{2}{20} = 0.1$$

(注) 判別的中率を**正答率**と呼ぶ文献もあります。

▌ 線形判別関数の AI 的応用例

線形判別関数は、AIの応用で大切な「識別」の世界に利用できます。

例題2 例題1 のデータを利用して、身長が165cm、体重が60kgの人が男女のどちらかに分類されるか、線形判別関数を用いて判定しましょう。

式(17)の線形判別関数を利用します。x = 165、y = 60を代入して、

$$z = 0.076 \times 165 + 0.025 \times 60 - 14.2 = -0.16$$

負の値になるので、「女性」と判定されます。**(解終)**

この 例題2 の意味を下図に示します。対象者はわずかに女性群に近いことが図から判断されます。

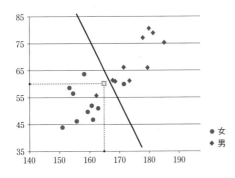

例題2 の結果の相関図上の意味。
(● が女性、◆ が男性。□ が題意の人)

3

「教師あり」機械学習と統計学

■ コンピュータによる 例題1 の計算

Excelで線形判別関数を求めてみましょう。下図はその実行例です。

(注) Excelアドインの「ソルバー」で、式(11)の η^2 の最大値を求めています。このソルバーの利用法については、付録Aを参照してください。

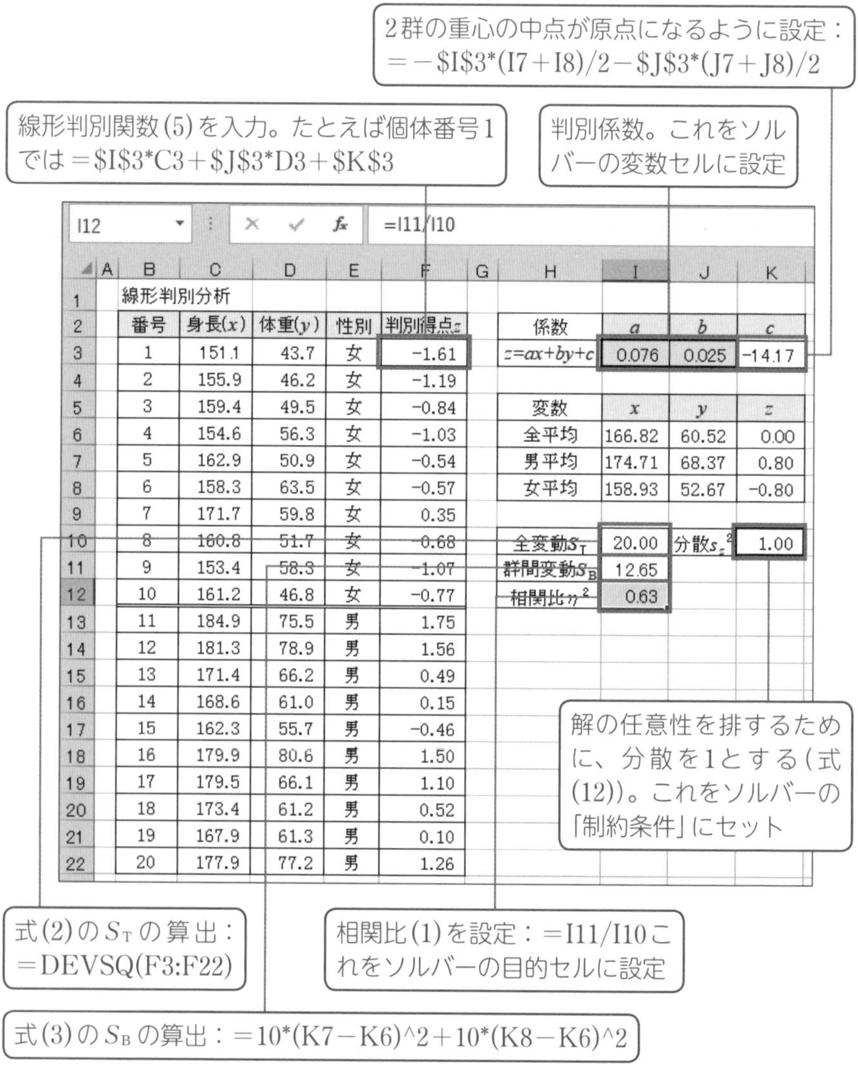

2群の重心の中点が原点になるように設定：
$= -\$I\$3*(I7+I8)/2 - \$J\$3*(J7+J8)/2$

線形判別関数(5)を入力。たとえば個体番号1では $=\$I\$3*C3 + \$J\$3*D3 + \$K\$3$

判別係数。これをソルバーの変数セルに設定

	番号	身長(x)	体重(y)	性別	判別得点z		係数	a	b	c
	1	151.1	43.7	女	-1.61		$z=ax+by+c$	0.076	0.025	-14.17
	2	155.9	46.2	女	-1.19					
	3	159.4	49.5	女	-0.84		変数	x	y	z
	4	154.6	56.3	女	-1.03		全平均	166.82	60.52	0.00
	5	162.9	50.9	女	-0.54		男平均	174.71	68.37	0.80
	6	158.3	63.5	女	-0.57		女平均	158.93	52.67	-0.80
	7	171.7	59.8	女	0.35					
	8	160.8	51.7	女	-0.68		全変動S_T	20.00	分散s_z^2	1.00
	9	153.4	58.3	女	-1.07		群間変動S_B	12.65		
	10	161.2	46.8	女	-0.77		相関比η^2	0.63		
	11	184.9	75.5	男	1.75					
	12	181.3	78.9	男	1.56					
	13	171.4	66.2	男	0.49					
	14	168.6	61.0	男	0.15					
	15	162.3	55.7	男	-0.46					
	16	179.9	80.6	男	1.50					
	17	179.5	66.1	男	1.10					
	18	173.4	61.2	男	0.52					
	19	167.9	61.3	男	0.10					
	20	177.9	77.2	男	1.26					

セル I12　fx =I11/I10

線形判別分析

解の任意性を排するために、分散を1とする(式(12))。これをソルバーの「制約条件」にセット

式(2)のS_Tの算出：$=$DEVSQ(F3:F22)

相関比(1)を設定：$=$I11/I10これをソルバーの目的セルに設定

式(3)のS_Bの算出：$=10*(K7-K6)\hat{\ }2 + 10*(K8-K6)\hat{\ }2$

　なお、このワークシートでは、式(1)のη^2の最大化というアルゴリズムだけで線形判別関数を求めています。こうすることで、3変数以上への拡張が容易だからです。

参考　サポートベクターマシン（SVM）

　本節で調べた「線形判別関数による分類」と似た分類技法に「**サポートベクターマシン**（略してSVM）」があります。これは、1960年代に開発された識別の技法で、機械学習の分野で広く利用されています。

　SVMは「線形判別分析」に形は似ています。実際、結論の1次式は互いにそっくりです。応用においても、両者は1次式の判別関数で同じように分類を行います。しかし、判別関数の導出法の論理は大きく異なります。

　本節で調べたように、「線形判別分析」は「2群の中心をできるだけ遠ざける」ことを原理として、判別関数を求めました。

　それに対して、「サポートベクターマシン」は「縁（マージン）をできるだけ遠ざける」こと、すなわち「**マージンの最大化**」というアイデアを用いて、判別関数を求めます。

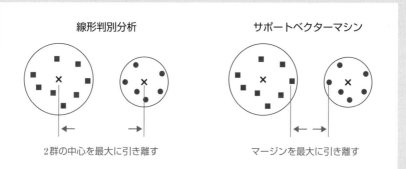

　統計学的なデータ分析は、解釈を大切にします。それに対して実用を重んじる機械学習は使いやすさを大切にします。本節で調べたように、線形判別分析は解釈がしやすいというメリットがあります。それに対して、SVMは複雑なデータにも対応しやすいというメリットがあります。

6 マハラノビスの距離を用いた判別分析

「データは確率現象で得られる」と考えて、データ識別を行う「マハラノビスの距離を用いた判別分析」を調べます。前節の「線形判別分析」と同様、この分析術は「判別」のための外的基準を持つデータを利用します。機械学習でいうと、「教師あり学習」に分類されます。

データは確率現象として起こる

前節（§5）では、データの判別法、すなわち群分けを調べました。そこでは、データを確定値として固定し、それに合わせるように判別の式を作成しました。

本節では、データが確率現象で得られると考えます。そして、確率的に考えることで、データを分類するという立場を取るのです。歴史的には古い技法ですが、現代の人工知能（AI）への応用につながる方法です。

1変量の場合のマハラノビスの距離

最初は、わかりやすいように、A、Bの2群に完全に分けられた1変量のデータについて考えます。群Aに属する要素は平均値 μ_A、分散 σ_A^2 の正規分布 $f_A(x)$ に従い、群Bに属するデータ要素は平均値 μ_B、分散 σ_B^2 の正規分布 $f_B(x)$ に従うと仮定します。

(注) 確率分布、正規分布については、2章§6を参照してください。

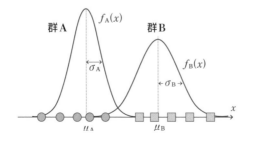

094

　この図からは、ある要素 x が群 A に属するか、群 B に属するかは、各群の平均値からの距離で判定できそうに見えます。たとえば、要素 x が群 A に属するなら、要素 x と各群の平均値 μ_{A}、μ_{B} との距離は次の関係を満たします。

$|x - \mu_{\mathrm{A}}| < |x - \mu_{\mathrm{B}}|$（$x$ は μ_{A} に近い）

　ここで、記号 $|\ |$ は絶対値記号です。

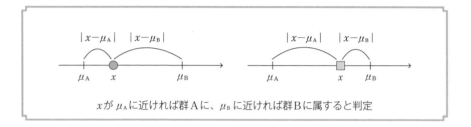

x が μ_{A} に近ければ群 A に、μ_{B} に近ければ群 B に属すると判定

　しかし、物事はそう単純ではありません。下図の場合を見てみましょう。

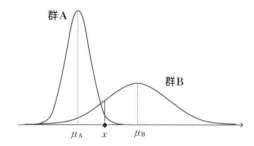

要素 x は μ_{A} に近いが、確率的に見ると群 B に属していると考えられる。

　要素 x は群 A の中心 μ_{A} に近い位置にありますが、確率的に見ると群 B に属していると考えた方が妥当でしょう。

　この例からわかるように、単純に平均値からの距離を調べるだけでは、どちらの群に属するかは判断できないのです。そこで考慮されるのが分散 $\sigma_{\mathrm{A}}{}^2$、$\sigma_{\mathrm{B}}{}^2$ です（σ_{A}、σ_{B} は各群の「標準偏差」です）。

　上の図の例からわかるように、標準偏差が小さいと山は急峻になり、平均値から少し離れると存在確率は小さくなってしまいます。それに対して、標準偏差が大きいと山のすそ野は広くなり、平均値から遠く離れても存在確率は大きさを保ちます。

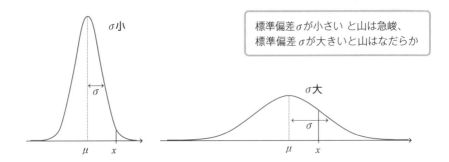

そこで、分散σ^2（すなわち標準偏差σ）を取り入れた距離の定義が必要になります。それが**マハラノビスの距離**です。対象とする群の平均値をμ、分散をσ^2（標準偏差σ）とすると、「群と要素xとの距離」を次のように定義します。

$$D = \frac{|x-\mu|}{\sigma} \cdots (1)$$

こうして、単純な「平均値からの距離」に標準偏差σの調整を加えるのです。

(注) 標準偏差σは訓練データから推定します。なお、マハラノビスはインドの数学者・統計学者（1893年～1972年）の名前です。

多くの文献では、式(1)の両辺を2乗した、次のD^2をマハラノビスの距離としています。本書も、この慣例に従います。

$$D^2 = \frac{(x-\mu)^2}{\sigma^2} \cdots (2)$$

この式(2)を利用して群分けをするのが、「マハラノビスの距離による判別」です。

多変量の場合のマハラノビスの距離

(注) これ以降は行列を用います。不案内の場合は付録Bを参照してください。

式(2)で調べた1変量の場合のマハラノビスの距離を、2変量x、yの場合に拡張してみましょう。最初に、1変量の場合のマハラノビスの距離(2)を次のように変形します。

$$D^2 = \frac{(x-\mu)^2}{\sigma^2} = (x-\mu)(\sigma^2)^{-1}(x-\mu) \cdots (3)$$

この式(3)を一般化します。すなわち、「群と要素$(x,\ y)$との距離」を次のように拡張するのです。こうして得られる距離D^2が2変量の場合の**マハラノビスの距離**です。

$$D^2 = (x-\mu_x \ \ y-\mu_y)S^{-1}\begin{pmatrix} x-\mu_x \\ y-\mu_y \end{pmatrix} \cdots (4)$$

ここで、μ_x、μ_yは各群についての変量x、yの平均値です。また、行列Sは各群についての変量x、yの分散共分散行列(2章§4)です。

$$S = \begin{pmatrix} \sigma_x^{\ 2} & \sigma_{xy} \\ \sigma_{xy} & \sigma_y^{\ 2} \end{pmatrix} \cdots (5)$$

そして、S^{-1}はその逆行列です。

式(4)は、式(3)の偏差$x-\mu$を「偏差を成分とするベクトル」に読み替えています。また、式(3)の分散σ^2の逆数を、「分散共分散行列」の逆行列に読み替えているのです。

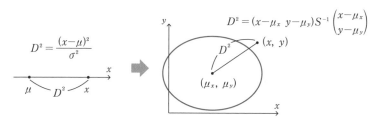

右の図は、2変量のマハラノビスの距離について、等距離の点を結んで得られる曲線を表しています。この図の示すように、等距離の線は楕円を表します。

(注) 式(5)の分散共分散行列Sは訓練データから推定します。

3変量以上について式(4)を一般化するのは容易でしょう。

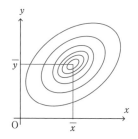

マハラノビスの距離による判別と具体例

式(4)のように確率的な距離を定義し、それを利用して群分けをするのが、「マハラノビスの距離による判別」です。

> 2群P、Qのどちらかに分類されるかは、マハラノビスの距離の小さい方(すなわち距離の近い方)で判定される。

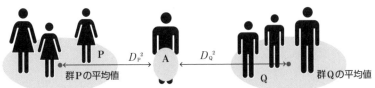

群Pの平均値　　　　D_P^2　A　D_Q^2　　　Q　　群Qの平均値

P、Qのどちらに属するかは
D_P^2、D_Q^2 の大小で判断。

具体的に次の例題を調べましょう。

例題1 次の個票データは、ある大学の男女各々10人の学生について、身長と体重を調べたものです。このデータを利用して、男女各々についてのマハラノビスの距離を求めましょう。さらに、その距離を利用して、各個体の男女が正しく判別できるか調べましょう。

番号	身長 x	体重 y	性別	番号	身長 x	体重 y	性別
1	151.1	43.7	女	11	184.9	75.5	男
2	155.9	46.2	女	12	181.3	78.9	男
3	159.4	49.5	女	13	171.4	66.2	男
4	154.6	56.3	女	14	168.6	61.0	男
5	162.9	50.9	女	15	162.3	55.7	男
6	158.3	63.5	女	16	179.9	80.6	男
7	171.7	59.8	女	17	179.5	66.1	男
8	160.8	51.7	女	18	173.4	61.2	男
9	153.4	58.3	女	19	167.9	61.3	男
10	161.2	46.8	女	20	177.9	77.2	男
	(cm)	(kg)			(cm)	(kg)	

(注) このデータは前節(本章§5)で調べたデータと同一です。

■ 各群についてマハラノビスの距離の式を導出

最初に、各群について、マハラノビスの距離の式(4)を求めましょう。それには群ごとに分散共分散行列(5)を求める必要があります。

女子をP、男子をQと表現して、次の値が算出できます。

	女子P		男子Q	
	変量 x	変量 y	変量 x	変量 y
平均値	158.9	52.7	174.7	68.4
分散	30.8	38.4	45.8	71.5
共分散	10.4		49.0	

男女各群の分散と共分散。

最初に女子Pについてのマハラノビスの距離 $D_P{}^2$ を求めます。

$$\text{共分散行列 } S_P = \begin{pmatrix} 30.8 & 10.4 \\ 10.4 & 38.4 \end{pmatrix}$$

$$\text{共分散行列の逆行列 } S_P{}^{-1} = \begin{pmatrix} 30.8 & 10.4 \\ 10.4 & 38.4 \end{pmatrix}^{-1} = \begin{pmatrix} 0.036 & -0.010 \\ -0.010 & 0.029 \end{pmatrix}$$

$$D_P{}^2 = (x-158.9 \quad y-52.7)\begin{pmatrix} 0.036 & -0.010 \\ -0.010 & 0.029 \end{pmatrix}\begin{pmatrix} x-158.9 \\ y-52.7 \end{pmatrix} \cdots (6)$$

次に、男子Qについてのマハラノビスの距離 $D_Q{}^2$ を求めます。

$$S_Q = \begin{pmatrix} 45.8 & 49.0 \\ 49.0 & 71.5 \end{pmatrix}$$

$$S_Q{}^{-1} = \begin{pmatrix} 45.8 & 49.0 \\ 49.0 & 71.5 \end{pmatrix}^{-1} = \begin{pmatrix} 0.082 & -0.056 \\ -0.056 & 0.052 \end{pmatrix}$$

$$D_Q{}^2 = (x-174.7 \quad y-68.4)\begin{pmatrix} 0.082 & -0.056 \\ -0.056 & 0.052 \end{pmatrix}\begin{pmatrix} x-174.7 \\ y-68.4 \end{pmatrix} \cdots (7)$$

■ 各個体についてマハラノビスの距離を算出

式(6)、(7)の $D_P{}^2$、$D_Q{}^2$ を利用して、データの中の男女計20人について、マハラノビスの距離を実際に計算してみましょう。それが次の表です（実際の Excel による計算例は後述）。

この表の「判別」の欄は、距離の近い方に各個体を分類した結果です。一部の男女が誤って判別されていることに留意してください。

番号	マハラノビスの距離 D_P^2	マハラノビスの距離 D_Q^2	判別	番号	マハラノビスの距離 D_P^2	マハラノビスの距離 D_Q^2	判別
1	3.1	12.2	女子	11	27.6	3.0	男子
2	1.1	7.9	女子	12	26.3	1.6	男子
3	0.3	5.4	女子	13	7.5	0.3	男子
4	1.3	13.5	女子	14	3.8	0.9	男子
5	0.8	4.3	女子	15	0.5	3.4	女子
6	3.5	14.3	女子	16	26.8	2.9	男子
7	5.5	1.7	男子	17	15.0	3.4	男子
8	0.2	4.4	女子	18	7.2	1.8	男子
9	2.6	18.4	女子	19	3.5	1.0	男子
10	1.4	6.6	女子	20	21.1	1.8	男子

　番号7の女子は「男子」と誤判別されています。同様に、番号15の男子は「女子」と誤判別されています。これを相関図上で見ると、致し方ないことがわかります（下図）。**(解終)**

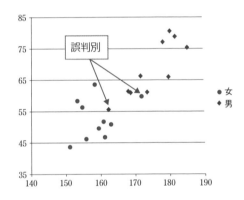

(注) この誤判別の結果は前節（本章 §5）の線形判別関数を用いた分類結果と一致しています。しかし、これは偶然であり、両者がいつも一致するとは限りません。

■ マハラノビスの距離を一般化

　一般的な場合のマハラノビスの距離は、2変量の場合の式(4)を拡張します。たとえば、3変量 x、y、z の場合のマハラノビスの距離は次のように表わされます。

$$D^2 = (x-\overline{x}\;\; y-\overline{y}\;\; z-\overline{z})\begin{pmatrix} s_x^2 & s_{xy} & s_{xz} \\ s_{xy} & s_y^2 & s_{yz} \\ s_{xz} & s_{yz} & s_z^2 \end{pmatrix}^{-1}\begin{pmatrix} x-\overline{x} \\ y-\overline{y} \\ z-\overline{z} \end{pmatrix}$$

　一般的に n 個の変量について拡張するのは容易でしょう。

▌マハラノビスの距離の AI 的応用例

マハラノビスの距離は、AIの応用で大切な「識別」に利用できます。

例題2 例題1 のデータを利用して、身長が165cm、体重が60kgの人が男女のどちらかに分類されるか、マハラノビスの距離を用いて判定しましょう。

式(6)、(7)に $(x, y) = (165, 60)$ を代入します。

$$D_P{}^2 = (165-158.9 \quad 60-52.7)\begin{pmatrix} 0.036 & -0.010 \\ -0.010 & 0.029 \end{pmatrix}\begin{pmatrix} 165-158.9 \\ 60-52.7 \end{pmatrix} = 2.0$$

$$D_Q{}^2 = (165-174.7 \quad 60-68.4)\begin{pmatrix} 0.082 & -0.056 \\ -0.056 & 0.052 \end{pmatrix}\begin{pmatrix} 165-174.7 \\ 60-68.4 \end{pmatrix} = 2.3$$

以上から、$D_P{}^2 < D_Q{}^2$ です。女子に近いことが分かります。そこで、題意のデータの値を持った人は「女性」と判定されます。**(解終)**

メモ ●マハラノビスの距離と多変量正規分布

平均値 $\overline{x}$、分散 s^2 の1変量 x の正規分布は、1変量のマハラノビスの距離 D を利用して次のように表現されます。

$$f(x) = \frac{1}{\sqrt{2\pi}\,s} e^{-\frac{(x-\overline{x})^2}{2s^2}} = \frac{1}{\sqrt{2\pi}\,s} e^{-\frac{1}{2}D^2}$$

これを多変量に拡張したのが**多変量正規分布**です。たとえば、2変量の場合は、式(4)のマハラノビスの距離 D^2 を用いて、次のように表現されます。

$$f(x, y) = \left(\frac{1}{\sqrt{2\pi}}\right)^2 \frac{1}{\sqrt{|S|}} e^{-\frac{1}{2}D^2}$$

ここで、$|S|$ は分散共分散行列 S の行列式です。2変量のマハラノビスの距離(4)が確率的な距離と解釈できるのは、この確率分布が背景にあるからです。

▌コンピュータによる 例題1 例題2 の計算

例題1、例題2 では、マハラノビスの距離を実際に求めて、その計算値の大小で男女を判別（すなわち識別）しています。下記は 例題2 について、Excelの計算例です。

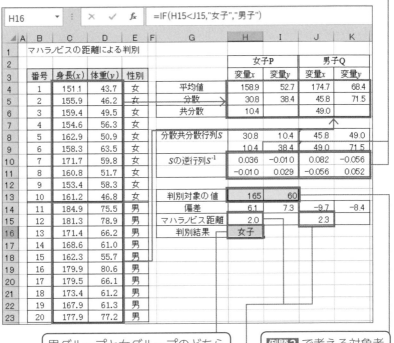

逆行列はExcelの配列関数
MINVERSEを利用

| H16 | | ▾ | ⋮ | × | ✓ | f_x | =IF(H15<J15,"女子","男子") |

男グループと女グループのどちら
に近いかによって、男女を判別

例題2 で考える対象者

例題2 のテストデータについて、男女のグ
ループからのマハラノビスの距離を算出

7 数量化Ⅰ類

量的データ以外の要素を含むデータを**質的データ**といいます（2章§1）。その質的データの分析に欠かせない技法が**数量化**です。本節では、量的データのための「回帰分析」に相当する、質的データのための「数量化Ⅰ類」について調べます。

アンケート調査で得られるデータの多くは質的データです。その分析には必須の技法です。

数量化Ⅰ類の具体例

「数量化Ⅰ類」は、データ中の量的な変量を外的基準として、質的データの関係を調べる技法です。具体例で考え方を調べましょう。

> **例題1** 次のデータは、ある私鉄駅近くで販売された新築マンションについて、日照の良し悪し、徒歩圏の内外、1平方メートルあたりの価格を調査したものです。「価格」を「日照」、「駅徒歩圏」の関係式で表しましょう。
>
> | 物件番号 | 日照 | 徒歩圏内 | 価格 |
> |---|---|---|---|
> | 1 | 良 | 圏外 | 72.8 |
> | 2 | 良 | 圏内 | 105.2 |
> | 3 | 良 | 圏内 | 109.2 |
> | 4 | 悪 | 圏内 | 76.8 |
> | 5 | 悪 | 圏外 | 44.6 |
> | 6 | 良 | 圏内 | 125.4 |
> | 7 | 悪 | 圏外 | 40.4 |
> | 8 | 悪 | 圏内 | 81.0 |
> | 9 | 良 | 圏内 | 101.2 |
> | 10 | 良 | 圏外 | 73.0 |
>
> （万円／㎡）

「価格」は量的データですが、「日照の良し悪し」と「徒歩圏の内外」は質的データです。目標は、このようなデータにおいて、「価格」を外的基準（すなわち目的

変量）にして、「価格」と「日照の良し悪し」、「徒歩圏の内外」の関係を数量的に表現し、分析することです。

■ 数量化しやすいようにアレンジ

　質的データを議論するとき、「アイテム」、「カテゴリ」という言葉がよく用いられます。2章§1でも調べましたが、次の例で再確認します。

質問1 購入を希望している新築マンションの部屋の日照はどうですか。
(1) 良い　　　(2) 悪い

　ここで「質問1」に相当するものを**アイテム**と呼び、その答えの欄の項目(1)〜(2)に相当するものを**カテゴリ**と呼びます。

　数量化とは「与えられたデータを使って、カテゴリを数量的に把握すること」です。そこで、数量化しやすいように、例題のデータを次のように書き改めます。「日照」のカテゴリでは、「1」と表示されている欄が「良い」を、「0」と表示されている欄が「悪い」を表します。「徒歩圏内」のカテゴリでは、「1」と表示されている欄が「圏内」を、「0」と表示されている欄が「圏外」を表します。こうして計算しやすい形にします。

メモ → 質的データの数量化

　アンケート調査から得られたデータは数字だけで表現されているとは限りません。また数字で書かれているからといって、それが数値としての意味を持つとも限りません。たとえば、「『好き』は1、それ以外は2を選択せよ」というアンケート結果のとき、1、2という数字は区別するだけの意味しかありません。1+2や1×2という計算に意味はないのです。このようなデータが質的データです（2章§1）。この質的データを**数量化**し、関係を分析できるようにしたのが、日本を代表する統計学者の林知己夫氏（1918〜2002）です。氏の理論は、マーケッティングや心理学、言語学など、幅広い分野で活躍しています。

アイテム	日照		駅徒歩圏		価格
カテゴリー	(1) 良い	(2) 悪い	(1) 圏内	(2) 圏外	(万円／m²)
物件1	1	0	0	1	72.8
物件2	1	0	1	0	105.2
物件3	1	0	1	0	109.2
物件4	0	1	1	0	76.8
物件5	0	1	0	1	44.6
物件6	1	0	1	0	125.4
物件7	0	1	0	1	40.4
物件8	0	1	1	0	81.0
物件9	1	0	1	0	101.2
物件10	1	0	0	1	73.0

■ **各カテゴリにカテゴリウエートを付与**

各カテゴリの関係を数量化することが目標なので、日照の「良し」「悪し」、徒歩「圏内」「圏外」に対して、仮に a_1、a_2、b_1、b_2 という数値を付与してみます。これらの数値は各カテゴリの関係を表す重み（ウエート）となるので、**カテゴリウエート**と呼ばれます。

アイテム	日照		駅徒歩圏	
カテゴリー	(1)良い	(2)悪い	(1)圏内	(2)圏外
ウエート	a_1	a_2	b_1	b_2

次に、これらのカテゴリウエートを用いて、目的変量となる「マンション価格」の予想値 s を算出してみます。この予想値 s を**サンプルスコア**といいます。次の表は、1番目の個体に対して、サンプルスコアを算出しています。

アイテム	日照		駅徒歩圏		サンプルスコア	価格
カテゴリー	(1)良い	(2)悪い	(1)圏内	(2)圏外		(万円／m²)
ウエート	a_1	a_2	b_1	b_2		
物件	1	0	0	1	$a_1\times1+a_2\times0+b_1\times0+b_2\times1$	72.8

一般的に、サンプルスコア s の式は次のように表せます。x_1、x_2 で日照の「良い」、「悪い」を、y_1、y_2 で徒歩圏の「内」、「外」を表すことにすると、

$$s = a_1 x_1 + a_2 x_2 + b_1 y_1 + b_2 y_2 \cdots (1)$$

このサンプルスコア s を全個体について算出してみましょう。その結果が次の表です。

アイテム	日照		駅徒歩圏		サンプルスコア	価格 (万円／m²)
カテゴリー	(1)良い	(2)悪い	(1)圏内	(2)圏外		
ウエート	a_1	a_2	b_1	b_2		
物件1	1	0	0	1	a_1+b_2	72.8
物件2	1	0	1	0	a_1+b_1	105.2
物件3	1	0	1	0	a_1+b_1	109.2
物件4	0	1	1	0	a_2+b_1	76.8
物件5	0	1	0	1	a_2+b_2	44.6
物件6	1	0	1	0	a_1+b_1	125.4
物件7	0	1	0	1	a_2+b_2	40.4
物件8	0	1	1	0	a_2+b_1	81.0
物件9	1	0	1	0	a_1+b_1	101.2
物件10	1	0	0	1	a_1+b_2	73.0

こうして、外的基準である「マンション価格」の理論値が、サンプルスコアとして表現されました。

■ 目的変数とサンプルスコアとの誤差を最小化

次のステップは、カテゴリウエート a_1、a_2、b_1、b_2 を、実際に確定することです。その決定には**最小2乗法**を利用します（本章§1）。サンプルスコアと目的変数との誤差の平方和を最小にするように、カテゴリウエートの値を決定するのです。これは回帰分析（本章§1、2）の技法と同じです。

実際に、目的変数（マンション価格）と理論値（サンプルスコア）との誤差の平方和 E を算出してみます。上の表から

$$E = \{72.8 - (a_1 + b_2)\}^2 + \{105.2 - (a_1 + b_1)\}^2 + \cdots + \{73.0 - (a_1 + b_2)\}^2 \cdots (2)$$

ところで、この式(2)の形を見てみましょう。a_i、b_j（i, $j=1$、2）が得られたとすると、a_i+c、b_j-c も解になります（c は任意の定数）。そこで、この任意性を消去するために、たとえば b_2 を0に固定しましょう。

$b_2 = 0 \cdots (3)$

変数が1つ減るだけでも、大変ありがたいことです。

■ カテゴリウエートの決定

この誤差の平方和Eを最小にするように、残りのカテゴリウエートa_1、a_2、b_1、の値を決めればよいわけです。この最小化はコンピュータの得意とするところです。実際に計算すると、次のように値が求められます（Excelによる計算例は後述）。

$a_1 = 73.2$、$a_2 = 42.2$、$b_1 = 36.9 \cdots (4)$

式(1)に式(3)、(4)を代入し、サンプルスコアを求める式が得られました。

$s = 73.2x_1 + 42.2x_2 + 36.9y_1 \cdots (5)$

こうして、「価格」が「日照」と「駅徒歩圏」の関係式で表されたのです。**(解終)**

▍結果を分析

各カテゴリが数量化されました。カテゴリウエートa_1、a_2、b_1（、$b_2 = 0$)において、目的変数（マンション価格）の値を左右するのは各アイテムに含まれるカテゴリ値の差です。

> 日照の良い・悪い：$a_1 - a_2 = 73.2 - 42.2 = 31.0$
> 徒歩圏の内・外：$b_1 - b_2 = 36.9 - 0 = 36.9$

「徒歩圏の内・外」の方が値は大きくなっています。すなわち、わずかですが、「日照の良い悪い」よりも「徒歩圏」であることの方が価格に大きく影響を与えているのです。

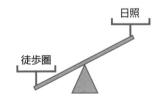

数量化することで、どのアイテムやカテゴリが目的変数に効くのかが分析できる。

　以上のデータ分析から、この駅の周辺のマンション価格は利便性が重要視されていることが判明しました。マンションの販売業者はこのことを考慮してこれからの販売計画を作成する必要があります。

▌数量化Ⅰ類の AI 的応用例

　数量化Ⅰ類を、機械学習の代表的な使い方である「予測」に利用してみましょう。

> 例題2 例題1 の結果を利用して、「日照が良く、徒歩圏にある」新築マンションの$1m^2$の価格を予測してみましょう。

　式(5)に「日照が良く、徒歩圏にある」という変量値を代入します。
$x_1 = 1$、$x_2 = 0$、$y_1 = 1$（、$y_2 = 0$）
すると、予測値sとして次の値が得られます。

$$s = 73.2 \times 1 + 42.2 \times 0 + 36.9 \times 1 = 110.1 \,(万円/m^2) \textbf{(解終)}$$

　実をいうと、この値は物件2、3、6、9のサンプルスコアとして、既に Excel のワークシートで算出されています。このように、予測対象と同一条件を持つ個体が実際のデータの中に複数あることは稀ではありません。そのとき、式(5)の算出する値は、これら同一条件の複数の個体実測値の平均的な値を表現することになります。

▌数量化Ⅰ類の「数量化」の意味

　例題1 で確認すべきことは、アンケートのような質的データにおいて、変量の関係が数量化されたということです。そして、「日照が良い」といった抽象的な量が数式で扱えるようになったのです。

物件番号	日照	徒歩圏内	価格
1	良	圏外	72.8
2	良	圏内	105.2
3	良	圏内	109.2
4	悪	圏内	76.8

式 (5)

同等 ⟺ $s = 73.2x_1 + 42.2x_2 + 36.9y_1$

▌ コンピュータによる 例題1 の計算

Excelによる 例題1 の計算例を示しましょう。

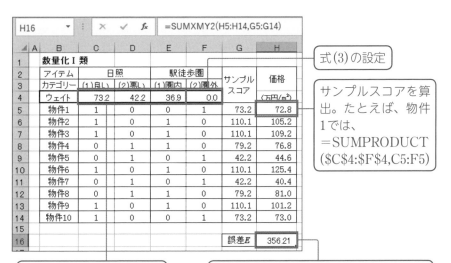

H16 f_x =SUMXMY2(H5:H14,G5:G14)

	A	B	C	D	E	F	G	H
1		**数量化 I 類**						
2		アイテム	日照		駅徒歩圏		サンプル	価格
3		カテゴリー	(1)良い	(2)悪い	(1)圏内	(2)圏外	スコア	
4		ウェイト	73.2	42.2	36.9	0.0		(万円/m²)
5		物件1	1	0	0	1	73.2	72.8
6		物件2	1	0	1	0	110.1	105.2
7		物件3	1	0	1	0	110.1	109.2
8		物件4	0	1	1	0	79.2	76.8
9		物件5	0	1	0	1	42.2	44.6
10		物件6	1	0	1	0	110.1	125.4
11		物件7	0	1	0	1	42.2	40.4
12		物件8	0	1	1	0	79.2	81.0
13		物件9	1	0	1	0	110.1	101.2
14		物件10	1	0	0	1	73.2	73.0
15								
16							誤差E	356.21

式(3)の設定

サンプルスコアを算出。たとえば、物件1では、
=SUMPRODUCT($C\$4:$F\$4,C5:F5)

カテゴリウエート をソルバーの「変数セル」に設定。この結果が値(4)になる

(1)式の誤差 E を算出：
=SUMXMY2(H5:H14,G5:G14)このセルをソルバーの目的セルに設定し最小化

(注) 最小化にはソルバーを用いています（付録A）。

数学的には、仮定(3)の設定後、次の微分計算をします。

$$\frac{\partial E}{\partial a_1} = 0、\quad \frac{\partial E}{\partial a_2} = 0、\quad \frac{\partial E}{\partial b_1} = 0$$

(注) 偏微分に不案内のときには、付録Dを参考にして下さい。

こうして得られる連立方程式を解けば、誤差の平方和Eを最小にするカテゴリウエート a_1、a_2、b_1 が求められます。

8　数量化Ⅱ類

　前節に続いて、質的データの統計的分析法を調べます。本節で調べる数量化Ⅱ類は、Ⅰ類同様、アンケートデータの分析には不可欠な分析技法です。数学的には、量的データを調べる「線形判別分析」(本章§5)に似た技法です。機械学習でも必須のデータ分析技法です。

数量化Ⅱ類の具体例

　さっそく次の具体例で、その分析法を調べてみることにします。

例題1　次のデータは、ある人気小学校の入学試験の志願者10人について、家族の「会話」の多少、「絵本」の読み聞かせの多少、保護者の「所得」の多少、そして入学の合否をまとめたものです。このデータを利用して、「会話」、「絵本」、「所得」から、合否を判定する式を求めましょう。なお、この表において、記号1は「多」を、0は「少」を表します。

名前	会話	絵本	所得	合否
A	1	0	1	合格
B	0	1	1	合格
C	1	1	0	合格
D	1	0	1	合格
E	0	1	1	合格
F	1	0	0	不合格
G	0	1	0	不合格
H	0	0	0	不合格
I	0	0	1	不合格
J	0	1	0	不合格

記号1は「多」を、0は「少」を表す。

　この例題が示すように、数量化Ⅱ類が分析対象とするデータは2群に分けられています。その2群に対して、会話、絵本、所得というアイテムがどのように影

響しているか調べるのです。

■ 最初にカテゴリウエートの設定

数量化I類のときと同様に、会話、絵本、所得の重要性を表現するために、各カテゴリにウエートを仮定します。これを**カテゴリウエート**と呼ぶことも、数量化I類と同じです。

ここでは下表のように、カテゴリウエートをa_1、a_2、b_1、b_2、c_1、c_2と表すことにします（表中では、カテゴリウエートを「ウエート」と略記します）。

アイテム	会話		絵本		所得	
カテゴリー	多	少	多	少	多	少
ウエート	a_1	a_2	b_1	b_2	c_1	c_2

次に、これらのカテゴリウエートを用いて、目的変量となる「合否」の予想値を算出してみます。この予想値を**サンプルスコア**と呼ぶことも、前節の数量化I類と同じです。

次の表は、1番目の受験者Aに対して、サンプルスコアを算出しています。

アイテム	会話		絵本		所得		サンプルスコア z
カテゴリー	多	少	多	少	多	少	
ウエート	a_1	a_2	b_1	b_2	c_1	c_2	
A	1	0	0	1	1	0	$a_1\times1+a_2\times0+b_1\times0+b_2\times1+c_1\times1+c_2\times0$

一般的にサンプルスコアzを式として表現してみましょう。「会話」の「多い」「少ない」を順にu_1、u_2で、「絵本」の読み聞かせの「多い」「少ない」を順にv_1、v_2で、「所得」の「多い」「少ない」を順にw_1、w_2で表すことにすると、サンプルスコアzは次のように表せます。

$z = a_1u_1 + a_2u_2 + b_1v_1 + b_2v_2 + c_1w_1 + c_2w_2 \cdots (1)$

このサンプルスコアを全個体について算出してみましょう。その結果が次の表です。

アイテム	会話		絵本		所得		サンプルスコア z	合否
カテゴリー	多 u_1	少 u_2	多 v_1	少 v_2	多 w_1	少 w_2		
ウエート	a_1	a_2	b_1	b_2	c_1	c_2		
A	1	0	0	1	1	0	$a_1+b_2+c_1$	合格
B	0	1	1	0	1	0	$a_2+b_1+c_1$	合格
C	1	0	1	0	0	1	$a_1+b_1+c_2$	合格
D	1	0	0	1	1	0	$a_1+b_2+c_1$	合格
E	0	1	1	0	1	0	$a_2+b_1+c_1$	合格
F	1	0	0	1	0	1	$a_1+b_2+c_2$	不合格
G	0	1	1	0	0	1	$a_2+b_1+c_2$	不合格
H	0	1	0	1	0	1	$a_2+b_2+c_2$	不合格
I	0	1	0	1	1	0	$a_2+b_2+c_1$	不合格
J	0	1	1	0	0	1	$a_2+b_1+c_2$	不合格

■ 2群を遠ざけるようにウエートを決定

では、どのようにカテゴリウエート a_1、a_2、b_1、b_2、c_1、c_2 を決定すればよいでしょうか。このとき利用されるのが線形判別分析（本章 §5）でも用いた「2群を遠ざけるようにウエートを決定する」というアイデアです。

「合格」群に所属するA～Eのサンプルスコア z の集まりと、「不合格」群に所属するF～Jのサンプルスコア z の集まりが、できるだけ離れるように、カテゴリウエートを決定するのです。こうすれば、「会話」「絵本」「所得」と「合格・不合格」との関係が明確になるからです。

さて、2群の離れ具合の尺度として利用されるのが**相関比**です（2章 §5）。この相関比をキーにして、サンプルスコア z が2群に分離できるように、カテゴリウエート a_1、a_2、b_1、b_2、c_1、c_2 を決定しましょう。

なお、今後の議論において、表記を簡略化するために、合格群をP、不合格群をQで表すことにします。

■ 相関比の確認

変量zの相関比η^2は「全変動」S_Tの中に占める「群間変動」S_Bの割合を表します（2章 §5）。

$$\eta^2 = \frac{S_B}{S_T} \cdots (2)$$

分母の全変動S_Tは次の式で与えられます。

$$S_T = (z_1 - \overline{z})^2 + (z_2 - \overline{z})^2 + \cdots + (z_n - \overline{z})^2 \cdots (3)$$

nは個体数（この例題では10）、$\overline{z}$は変量zの平均値です。これをnで割れば、変量zの分散になります。

また、式(2)の分子の群間変動S_Bは次のように算出されます。

$$S_B = n_P (\overline{z}_P - \overline{z})^2 + n_Q (\overline{z}_Q - \overline{z})^2 \cdots (4)$$

ここで、n_P、n_Qは順に「合格」群、「不合格」群の個体数（この例題では各々5）を、$\overline{z}_P$、$\overline{z}_Q$は各群のサンプルスコアzの平均値を表します。

2章 §5で調べたように、全変動S_Tは「データ全体の散らばり」を表します。それに対して、群間変動S_Bは「群同士の散らばり」を表します。群同士の散らばりS_Bが大きければ、それだけデータは2群に分離されていることになります。すなわち、式(2)で表される相関比η^2が大きければ、2群はよく分離されていることを示すのです。

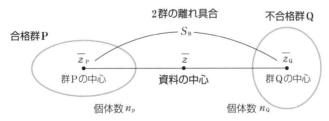

S_Tは各個体が全体としてどれだけバラバラなのかの目安。それに対してS_Bは、2群がどれくらい離れているかの目安を与える。

■ カテゴリウエートに条件付け

式(3)、(4)を式(2)に代入し、得られるη^2が最大になるようにカテゴリウエー

ト a_1、a_2、b_1、b_2、c_1、c_2 を決定すればよいことがわかりました。ところで、実際に計算に入る前に、2点のことに留意しましょう。

1点目は、カテゴリウエート a_1、a_2、b_1、b_2、c_1、c_2 の値は大きさに任意性があるということです。相関比(2)は式(3)と(4)の比の形になっていますが、このような形ではサンプルスコア z の絶・対・的・な・大きさには意味がありません。そこで、次のように条件を付けることにします。

サンプルスコア z の分散 $=1$ … (5)

(注) サンプルスコア z の全変動 $S_T = n$（n はデータの個体数）とするのと等価です。ちなみに、他の条件付けも可能です。たとえば、全変動 $=1$ としてもよいでしょう。

2点目の留意事項は、式(3)、(4)は偏差から構成されているということです。そこでは差だけが問題になり、サンプルスコア z の値は相対的にしか意味が有りません。そこで、6つあるカテゴリウエート a_1、a_2、b_1、b_2、c_1、c_2 のうち、次のように3つの条件が付けられます。

$a_2 = 0$、$b_2 = 0$、$c_2 = 0$ … (6)

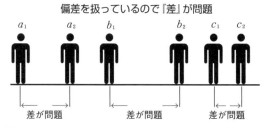

(注) この条件(6)以外にも、いろいろな条件付けが可能です。a_1、a_2 の対、b_1、b_2 の対、c_1、c_2 の対のどちらか一方を固定すればよいからです。

■ 相関比 η^2 を最大にするように数量化

以上で準備が整いました。条件(5)、(6)のもとで、相関比(1)を最大にするようにカテゴリウエートの値を決定すればよいのです。これはコンピュータの得意とするところです。計算結果を示しましょう（Excelによる計算例は後述）。

$a_1 = 1.48$、$b_1 = 1.35$、$c_1 = 1.59$ … (7)

条件(6)を加味して、この値(7)を式(1)に代入します。「合否」を表すサンプルスコアzが「会話」(u_1)、「絵本」(v_1)、「所得」(w_1)の式として次のように表されました。

$$z = 1.48u_1 + 1.35v_1 + 1.59w_1 \cdots (8) \quad \textbf{(解終)}$$

(注) 式(3)(4)が平方式なので、式(7)のa_1、b_1、c_1の符号を反転した値も同等の解になります。このとき、以下の結論はもちろん同じですが、値zの正負を逆にして解釈しなければなりません。

▌結果を分析

計算結果示します。最初に群平均を見てください(後述のExcelシート)。

$$\left.\begin{array}{l}\text{「合格」群　の}z\text{の平均}\ \overline{z}_P = 2.97 \\ \text{「不合格」群の}z\text{の平均}\ \overline{z}_Q = 1.15\end{array}\right\} \cdots (9)$$

「合格」群の平均が「不合格」群の平均より正の方向にあります。サンプルスコアzが大きい程、合格しやすいことがわかります。

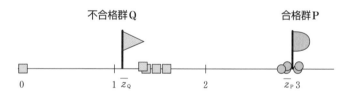

この観点から、カテゴリウエートを分析してみましょう。すると、数量化した結果は大変常識的なものになっていることに気づきます。

式(8)を見ればわかるように、「会話」(u_1)、「絵本」(v_1)、「所得」(w_1)の係数はすべてプラスです。そこで、家族間の「会話」、「絵本」の読み聞かせ、「所得」の各々が「多い」と一般的に学力は高くなり、合格しやすいということを表しているわけです。

式(7)のカテゴリウエートの大きさを見てみましょう。

$$|a_1| = 1.48、|b_1| = 1.35、|c_1| = 1.59$$

　ほぼ均等な値になっています。「会話」が多いこと、「絵本」を読み聞かせること、「所得」が多いことは、この小学校合格にほぼ同じきさで効いていることがわかります。強いて言えば、「所得」が一番大きなウエートを占めていますが…。

　最後に相関比を見てみましょう。コンピュータに計算させると（Excelによる計算例は後述）、η^2の値は0.83です。全体の分散の8割以上をこの数量化の結果が説明していることになります。

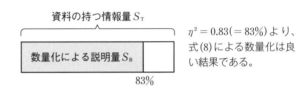

資料の持つ情報量S_T

| 数量化による説明量S_B | |

83%

$\eta^2 = 0.83 (= 83\%)$より、式(8)による数量化は良い結果である。

数量化Ⅱ類の数量化の意味

　前節（本章§7）で調べた数量化Ⅰ類の例題と同様、確認すべきことは、アンケートのような質的データが、数量化という技法を利用することで数式に置き換えられたということです。「家族間の会話が多い」などといった抽象的な量が数式で扱えるようになったのです。

名前	会話	絵本	所得	合否
A	1	0	1	合格
B	0	1	1	合格
C	1	1	0	合格
〰	〰	〰	〰	〰
I	0	0	1	不合格
J	0	1	0	不合格

同等

式(8)

$z = 1.48u_1 + 1.35v_1 + 1.59w_1$

数量化Ⅱ類の AI 的応用例

　例題1 の結果を、AIの代表的な応用である「予測」に利用してみましょう。

例題2 例題1 の結果を利用して、「家族間の会話は多いが、絵本の読み聞かせが少なく、所得も少ない」家庭の受験生は、この小学校に合格するかどうかを予測してみましょう。

「家族間の会話は多いが、絵本の読み聞かせが少なく、所得も少ない」子供には、次の値が対応します。

$u_1 = 1$、$v_1 = 0$、$w_1 = 0$

サンプルスコアの式(8)にこれらの値を代入します。

$z = 1.48 \times 1 + 1.35 \times 0 + 1.59 \times 0 = 1.48$ … (10)

ところで、合格群と不合格群の平均値 $\overline{z}_P$、$\overline{z}_Q$ は、式(9)から、次の値が得られています。

$\overline{z}_P = 2.97$、$\overline{z}_Q = 1.15$ … (9)（再掲）

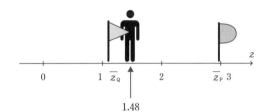

題意の子供は不合格の平均に近いので、「不合格」と予測される。

式(10)で得たサンプルスコアは不合格群の平均値に近い値になっています。よって、題意の子供は不合格と予測されます。**(解終)**

さて、この 例題2 と同じ条件を持つ者が、実際のデータの中に存在しています。男性Fがその人です。このように、予測したい値と同一条件を持つ個体が実際のデータの中に存在することは稀ではありません。ところで、データが大きいとき、その同一条件の個体を探すのは面倒です。式(8)が算出されていれば、瞬時に理論値を算出することができます。ビッグデータのAI分析には、これが実用上大いに役立ちます。

┃ コンピュータによる 例題1 の計算

式(7)の結果を得るためのExcel計算例を示しましょう。

(注) 最大値はExcel標準アドインのソルバーを利用し、求めています（付録A）。

ウエートをソルバーの変数セルに設定

サンプルスコアを算出。たとえば、個体Aでは、
= SUMPRODUCT($C$4:$H$4,C5:H5)

J20		⁝	×	✓	f_x	=J18/J19				

▲	A	B	C	D	E	F	G	H	I	J	K
1		数量化 II 類									
2		アイテム	会話		絵本		所得		サンプル	群平均	合否
3		カテゴリー	多	少	多	少	多	少	スコア		
4		ウエート	1.48	0.00	1.35	0.00	1.59	0.00			
5		A	1	0	0	1	1	0	3.07		合格
6		B	0	1	1	0	1	0	2.94		合格
7		C	1	0	1	0	0	1	2.83	2.97	合格
8		D	1	0	0	1	1	0	3.07		合格
9		E	0	1	1	0	1	0	2.94		合格
10		F	1	0	0	1	0	1	1.48		不合格
11		G	0	1	0	1	0	1	1.35		不合格
12		H	0	1	0	1	0	1	0.00	1.15	不合格
13		I	0	1	0	1	1	0	1.59		不合格
14		J	0	1	1	0	0	1	1.35		不合格
15							分散		1.00		
16											
17								スコア平均	2.06		
18								S_B=	8.25		
19								S_T=	10.00		
20								相関比η^2	0.83		

条件(5)をソルバーの「制約条件」に設定

セルJ18でS_Bを算出:
= 5*(J5−J17)^2+5*(J10−J17)^2

相関比(2)を算出。このセルをソルバーの目的セルに設定。これをソルバーで最大化

メモ→第2の解

数学的に計算するには、ラグランジュの未定係数法を利用し（付録E）、式(5)、(6)のもとで次の微分を計算すればよいでしょう（λは定数）。

$$\frac{\partial}{\partial a_1}\{\eta^2-\lambda(S_T-n)\}=0、\quad \frac{\partial}{\partial b_1}\{\eta^2-\lambda(S_T-n)\}=0、\quad \frac{\partial}{\partial c_1}\{\eta^2-\lambda(S_T-n)\}=0$$

この計算で得られる連立方程式を解けば、上記a_1、b_1、c_1が得られますが、答は複数得られるのが普通です。

本節では、その中で最大の相関比を与える解を調べています。大きい順に第2、第3の解も、同様に調べられます。

9 ナイーブベイズ分類

20世紀の末頃から、ベイズ統計学は機械学習の分野で大きく発展しました。その理論の基本として、「ナイーブベイズ分類」と呼ばれる技法を調べましょう。ベイズ統計学のすばらしさがよく見えます。

▌ ベイズの定理の確認

ベイズ統計学の出発点となる定理が「ベイズの定理」です。この定理を確認します。

(注) 確率の記号やベイズの定理の基本については、付録Jを参照してください。

ある確率現象において、データDが得られる原因として、独立した2の原因H_1、H_2が考えられるとしましょう（右図）。

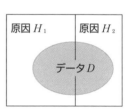

原因 H_1	原因 H_2
データ D	

すると、Dが得られたときの原因が$H_i(i=1,\ 2)$である確率$P(H_i \mid D)$は次のように表せる、というのが**ベイズの定理**です。

$$P(H_i \mid D) = \frac{P(D \mid H_i)P(H_i)}{P(D \mid H_1)P(H_1) + P(D \mid H_2)P(H_2)} \cdots (1)$$

(注) 独立した原因として2つのH_1、H_2を考えましたが、いくつにでも拡張できます。

右辺の分子にある$P(D \mid H_i)$を**尤度**と呼びます。原因H_iのもとでデータDの現れる「尤もらしい」確率を表します。データ分析をする人が、モデルを作るときに、この値を与えます。

その右隣にある$P(H_i)$を原因H_iの**事前確率**と呼びます。データDの得られる前の確率ということで、その名が付けられています。

▍ナイーブベイズ分類の考え方

　ベイズの定理の最も簡単で有名な応用のひとつが**ナイーブベイズ分類**です。簡単ですが、機械学習の重要な応用分野である「分類」や「識別」に威力を発揮します。

　(注) ナイーブベイズ分類は**ナイーブベイズフィルタ**、**単純ベイズ分類**とも呼ばれます。「ナイーブ」はベイズ統計学の単純な応用という意味で利用されています。

　このナイーブベイズ分類の応用分野で有名なのが「迷惑メールの排除」です。それを例にして、ナイーブベイズ分類の考え方を追ってみましょう。

　多くの迷惑メールには特徴的な単語が利用されています。たとえば出会い系の迷惑メールならば「無料」、「出会い」、「期間限定」、「必見」などの単語が多用されています。これらの単語が用いられているメールは迷惑メールの「におい」がします。

　逆に、迷惑メールには通常用いられない単語があります。たとえば、「学習」、「統計」、「技術」、「機械」などという単語は、迷惑メールにはあまり利用されません。これらの単語が用いられているメールは通常メールの「におい」がします。このような「におい」の嗅ぎ分けをベイズの定理で行う分類法が「ベイズ分類」です。その「ベイズ分類」の中で、単語間の相関がないと仮定すると、論理が大変簡単になります。この仮定を取り入れたのが**ナイーブベイズ分類**です。

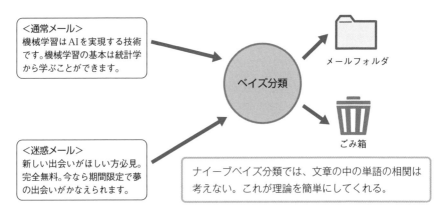

<通常メール>
機械学習はAIを実現する技術です。機械学習の基本は統計学から学ぶことができます。

ベイズ分類

メールフォルダ

ごみ箱

<迷惑メール>
新しい出会いがほしい方必見。完全無料。今なら期間限定で夢の出会いがかなえられます。

ナイーブベイズ分類では、文章の中の単語の相関は考えない。これが理論を簡単にしてくれる。

　「においの嗅ぎ分け」を行うためには確率を用います。その確率はあらかじめ正解ラベルのある訓練データを用いて調べておきます。そこで、ナイーブベイズ分類は「教師あり学習」に分類されます。

■ ナイーブベイズ分類の具体例

次の例題で「ナイーブベイズ分類」のしくみを具体的に調べましょう。

例題1 迷惑メールか通常メールかを調べるために、4つの単語「出会い」、「無料」、「統計」、「機械」に着目します。これらの単語は、次の確率で迷惑メールと通常メールに含まれることが調べられています。

検出語	迷惑メール	通常メール
出会い	0.7	0.1
無料	0.7	0.3
統計	0.1	0.4
機械	0.2	0.5

あるメールを調べたなら、次の順でこれらの単語が検出されました。

出会い、無料、機械

このメールは迷惑メール、通常メールのどちらに分類すべきか、調べましょう。ただし、これまでの経験では、受信メールの中で、迷惑メールと通常メールの比率は経験から6：4とわかっているとします。

■ 問題をベイズ風に整理

例題の整理をします。まず、原因 (H) として次の2つを定義します。

原因 H	H_1	H_2
意味	受信メールは迷惑メール	受信メールは通常メール

次のデータ D は、これら2つの原因から生まれると考えるのです。

データ D	意味
D_1	受信メールに「出会い」という単語が検出される
D_2	受信メールに「無料」という単語が検出される
D_3	受信メールに「統計」という単語が検出される
D_4	受信メールに「機械」という単語が検出される

尤度は題意に示されているものを、そのまま利用します。

データ D	H_1（迷惑メール）	H_2（通常メール）
D_1（出会い）	0.7	0.1
D_2（無料）	0.7	0.3
D_3（統計）	0.1	0.4
D_4（機械）	0.2	0.5

■ 最初の単語「出会い」D_1 の処理

最初に検出されたデータ「出会い」(D_1) について、ベイズの基本公式(1)を適用してみましょう。

$$P_1(H_i \mid D_1) = \frac{P(D_1 \mid H_i)P_0(H_i)}{P(D \mid H_1)P_0(H_1) + P(D \mid H_2)P_0(H_2)} \quad (i = 1、2)$$

この左辺の $P_1(H_i \mid D_1)$ は、1回目のデータ D_1 を得たときの原因が H_i である確率(事後確率)です。また、右辺の $P_0(H_1)$、$P_0(H_2)$ は1回目のデータ D_1 を得る前の原因 H_i の現れる確率(事前確率)です。

右辺分母は原因 H_1 と H_2 で共通です。そこで、次の関係が成立します。

$$\frac{P_1(H_1 \mid D_1)}{P_1(H_2 \mid D_1)} = \frac{P(D_1 \mid H_1)P_0(H_1)}{P(D_1 \mid H_2)P_0(H_2)} \cdots (2)$$

これが論理を簡単にしてくれる秘密です。

ところで、この式の中の事前確率$P_0(H_1)$、$P_0(H_2)$には何を充てればよいでしょうか。それらはデータ D_1 の得られる前の原因 H_1、H_2 の現れる確率です。そこで、「経験」から得られている受信比率が利用できます。

$$P_0(H_1) = 0.6、P_0(H_2) = 0.4 \cdots (3)$$

このように経験を簡単に取り込めることがベイズ理論の利点のひとつです。

原因H	H_1(迷惑メール)	H_2(通常メール)
事前確率 P_0	0.6	0.4

事前確率の表

■ 2つ目に得たデータ「無料」D_2の処理

2つ目に得たデータ「無料」(D_2)を考えましょう。このとき、事前確率は、式(3)に代わって、1回に得た情報を取り込んだ事後確率 $P_1(H_1 \mid D_1)$、$P_1(H_2 \mid D_1)$ を用います。「経験」が1回目のデータを得ることで変化したからです。これを**ベイズ更新**と呼びます。このベイズ更新によって、データから学習することが可能になるのです。ベイズの定理が機械学習で活躍するのは、この性質のためです。

「無料」(D_2)を得た後の事後確率 $P_2(H_1 \mid D_2)$、$P_2(H_2 \mid D_2)$ の比は、式(2)を得たときと同じ論理で、次のように得られます。

$$\frac{P_2\,(H_1\,|\,D_2)}{P_2\,(H_2\,|\,D_2)} = \frac{P(D_2\,|\,H_1)P_1\,(H_1\,|\,D_1)}{P(D_2\,|\,H_2)P_1\,(H_2\,|\,D_1)} \cdots (4)$$

同様にして、3つ目に得たデータ「機械」(D_4)を処理しましょう。事前確率はベイズ更新より$P_2\,(H_1\,|\,D_2)$、$P_2\,(H_2\,|\,D_2)$を用います。すると、式(2)、(4)を得たときと同じ論理で、「機械」(D_4)を得た後の事後確率$P_3\,(H_1\,|\,D_4)$、$P_3\,(H_2\,|\,D_4)$の比は次のように表せます。

$$\frac{P_3\,(H_1\,|\,D_4)}{P_3\,(H_2\,|\,D_4)} = \frac{P(D_4\,|\,H_1)P_2\,(H_1\,|\,D_2)}{P(D_4\,|\,H_2)P_2\,(H_2\,|\,D_2)} \cdots (5)$$

■ ナイーブベイズ分類の単純性

式(2)～(5)は、メールの中の各単語D_jデータ$(j=1,\ 2,\ 3,\ 4)$が独立であることが前提とされています。この前提が論理を簡単（ナイーブ）にしてくれます。事後確率(2)、(4)、(5)を辺々掛け合わせて見ましょう。

$$\frac{P_1\,(H_1\,|\,D_1)}{P_1\,(H_2\,|\,D_1)}\frac{P_2\,(H_1\,|\,D_2)}{P_2\,(H_2\,|\,D_2)}\frac{P_3\,(H_1\,|\,D_4)}{P_3\,(H_2\,|\,D_4)}$$
$$= \frac{P(D_1\,|\,H_1)P_0\,(H_1)}{P(D_1\,|\,H_2)P_0\,(H_2)}\frac{P(D_2\,|\,H_1)P_1\,(H_1\,|\,D_1)}{P(D_2\,|\,H_2)P_1\,(H_2\,|\,D_1)}\frac{P(D_4\,|\,H_1)P_2\,(H_1\,|\,D_2)}{P(D_4\,|\,H_2)P_2\,(H_2\,|\,D_2)}$$

両辺を共通の項で約してみます。

$$\frac{P_3\,(H_1\,|\,D_4)}{P_3\,(H_2\,|\,D_4)} = \frac{P_0\,(H_1)}{P_0\,(H_2)}\frac{P(D_1\,|\,H_1)}{P(D_1\,|\,H_2)}\frac{P(D_2\,|\,H_1)}{P(D_2\,|\,H_2)}\frac{P(D_4\,|\,H_1)}{P(D_4\,|\,H_2)}$$

比の形にすると、さらにわかりやすいでしょう。

$$P_3\,(H_1\,|\,D_4)\,| : P_3\,(H_2\,|\,D_4)$$
$$= P_0\,(H_1)P_1\,(D_1\,|\,H_1)P_2\,(D_2\,|\,H_1)P_3\,(D_4\,|\,H_1) :$$
$$\quad P_0\,(H_2)P_1\,(D_1\,|\,H_2)P_2\,(D_2\,|\,H_2)P_3\,(D_4\,|\,H_2)$$

すなわち、次のようにまとめられるのです。

全データを得た後の事後確率の比は、各メールの事前確率にデータごとの尤度を順に掛けて得られる値の比と一致する。

ところで、メールが迷惑メールか通常メールかを判定するには、学習を積んだ最後の事後確率$P_3\,(H_1\,|\,D_4)$、$P_3\,(H_2\,|\,D_4)$の大小だけが問題です。こうして、

最初の事前確率に尤度を単純に掛け合わせ、結果の大小を判定するだけで、迷惑メールか通常メールの判定ができることになります。

以上のことを、この 例題 に合わせて表に示してみましょう。

	H_1(迷惑メール)	H_2(通常メール)
事前確率	0.6	0.4
出会い(D_1)の尤度	0.7	0.1
無料(D_2)の尤度	0.7	0.3
機械(D_4)の尤度	0.2	0.5
最後の事後確率比	$0.6 \times 0.7 \times 0.7 \times 0.2$	$0.4 \times 0.1 \times 0.3 \times 0.5$

(注) 実際の計算は、積を和に変換する対数を用いて行うのが普通です。

この表の最下行の結果から、最終的な事後確率比が得られます。

$$P_3\,(H_1\,|\,D_4) : P_3\,(H_2\,|\,D_4) = 0.6 \times 0.7 \times 0.7 \times 0.2 : 0.4 \times 0.1 \times 0.3 \times 0.5$$
$$= 0.0588 : 0.0060 \quad \cdots (6)$$

すなわち、次の結論が得られます。

$$P_3\,(H_1\,|\,D_4) > P_3\,(H_2\,|\,D_4)$$

原因が「迷惑メール(H_1)」となる確率が大きいので、受信メールは「迷惑メール」と判定されることになります。　**(解終)**

こうして、例題 の解答が得られました。そして、これがナイーブベイズ分類のアイデアのすべてです。「ナイーブ」と名づけられるだけあって、計算が簡単です。また、結果を一般化するのも容易でしょう。

┃ コンピュータによる 例題1 の計算

ベイズの理論はExcelのワークシートで表現するのに適しています。論理の構造がワークシートから読み取りやすいのです。例題1 をExcelで計算してみますが、それを実感してください。

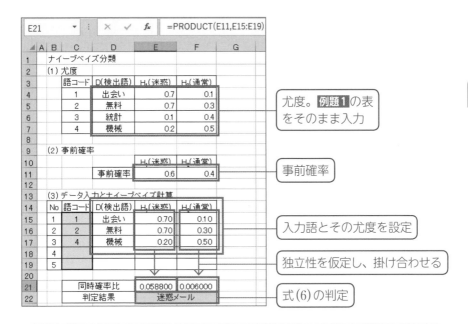

ナイーブベイズ分類の AI 的応用例

例題1 の結果を、AIの代表的応用である「分類」に利用しましょう。

例題2 **例題1** で調べたナイーブベイズ分類器を考えます。いま、あるメールを調べたなら、次の順で4つの単語が検出されました。

出会い、無料、統計、機械

このメールは迷惑メール、通常メールのどちらに分類すべきか、調べましょう。

式(6)を得たのと同じ論理を利用して、4つ目のデータD_4を得たのちの事後確率 $P_4\,(H_1\,|\,D_4)$、$P_4\,(H_2\,|\,D_4)$ の比は、次のように表せます。

$$P_4\,(H_1\,|\,D_4) : P_4\,(H_2\,|\,D_4) = 0.6 \times 0.7 \times 0.7 \times 0.1 \times 0.2 : 0.4 \times 0.1 \times 0.3 \times 0.4 \times 0.5$$
$$= 0.00588 : 0.00240$$

すなわち、次の結論が得られます。

$$P_4\,(H_1 \,|\, D_4) > P_4\,(H_2 \,|\, D_4) \cdots (7)$$

原因が「迷惑メール (H_1)」となる確率が大きいので、受信メールは「迷惑メール」と判定されることになります。　**(解終)**

▎コンピュータによる 例題2 の計算

例題1 のワークシートをそのまま利用できることを確認しましょう。ナイーブベイズ分類が「ナイーブ」の名を冠している理由をよく理解できます。

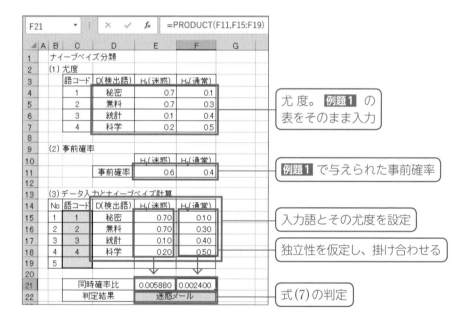

尤度。例題1 の表をそのまま入力

例題1 で与えられた事前確率

入力語とその尤度を設定

独立性を仮定し、掛け合わせる

式(7)の判定

メモ → Excel の PRODUCT 関数

上記ワークシートでは、積の計算に **PRODUCT** 関数を利用しています。ワークシートを拡張する際に便利だからです。**PRODUCT** 関数は指定範囲に空欄があるとき、それを無視して計算してくれます。そこで、未記入のセルが指定範囲にあっても、エラーとならないで済みます。

10 決定木とランダムフォレスト

　古くから統計学で利用され、現在は機械学習で活躍する**決定木**について調べましょう。これは木の枝のような図を描いて判別基準を設定し、データを分類する手法です。データから適切な決定木を作成することを「決定木の学習」と呼びます。

　決定木には**分類木**と**回帰木**という2つのタイプがあります。工夫次第で様々に利用できますが、「分類木」は「はい／いいえ」、「有り／なし」などで答えられる変数（**カテゴリ変数**）を、「回帰木」は数量で表される変数（**量的変数**）を説明変量にする資料を対象にします。具体例を用いて調べましょう。

▌分類木のしくみと具体例

次の例で、「分類木」のしくみについて調べます。

> **例題1** 次の表は、中古マンションの購入について、独身女性8人を対象にアンケートを取ったものです。「新しい」は物件が新しく感じること、「広い」は広く感じること、そして「遠い」は職場から遠く感じること、を調べています。このデータから、「購入」することを正解ラベルとして、決定木（すなわち分類木）を作成しましょう。
>
> | 番号 | 新しい | 広い | 遠い | 購入 |
> |---|---|---|---|---|
> | 1 | はい | はい | はい | いいえ |
> | 2 | はい | はい | いいえ | はい |
> | 3 | はい | いいえ | はい | いいえ |
> | 4 | はい | いいえ | いいえ | はい |
> | 5 | いいえ | はい | はい | いいえ |
> | 6 | いいえ | はい | いいえ | はい |
> | 7 | いいえ | いいえ | はい | いいえ |
> | 8 | いいえ | いいえ | いいえ | いいえ |
>
> 作成した分類木を利用して、「新しくて遠くない」と感じた新たな独身女性が「物件を購入するかどうか」を予測してみましょう。

　下図（右）が目的の分類木です。「遠い」「新しい」「広い」を順に追って、「はい」と「いいえ」を振り分けています。下表（左）は、その分類木を作るために、個票データを振り分け順に濃淡分けしたものです。

番号	新しい	広い	遠い	購入
1	はい	はい	はい	いいえ
2	はい	はい	いいえ	はい
3	はい	いいえ	はい	いいえ
4	はい	いいえ	いいえ	はい
5	いいえ	はい	はい	いいえ
6	いいえ	はい	いいえ	はい
7	いいえ	いいえ	はい	いいえ
8	いいえ	いいえ	いいえ	いいえ

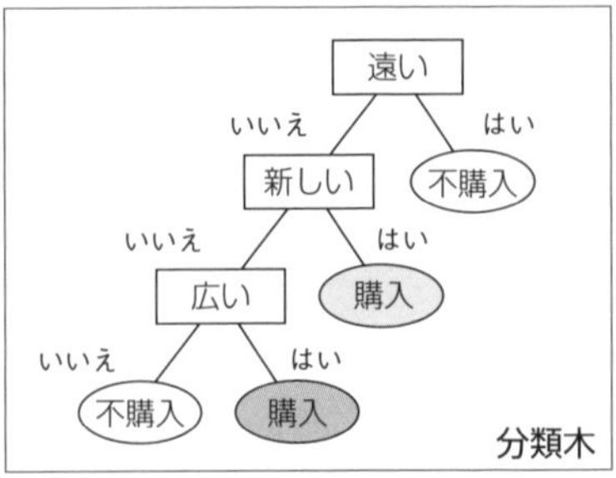

(注) 常にこのようにきれいに分類されるとは限りません。

　題意の「新しくて遠くない」と感じた新たな客、すなわち「遠い」が「いいえ」で、「新しい」が「はい」の客は、図をたどると「購入」に行きつきます。**(解終)**

　このように、分類木を作成することで、表形式のデータでは見えない新たな知識が得られることになります。

　この例題が示すように、分類木は、大変意味の分かりやすい統計的な予測技法です。しかし、データが多くなると分類は難しくなり、それに対応する様々な方法が研究されています。後述のランダムフォレストはその一例です。

▌回帰木のしくみと具体例

次の例で「回帰木」とはどのようなものか、調べてみましょう。

> **例題2** 次の表は、家を購入するか否かについて、8組の夫婦を対象にアンケートを取ったものです。このデータから、「購入」することを正解ラベルとして、決定木（すなわち回帰木）を作成しましょう。また、それを利用して、「広さが60m²で、通勤時間が45分」の客が物件を購入するかどうか、予測してみましょう。

番号	広い	通勤時間	購入	番号	広い	通勤時間	購入
1	72	47	いいえ	7	81	41	はい
2	71	38	はい	8	66	56	いいえ
3	56	53	いいえ	9	57	44	いいえ
4	59	65	いいえ	10	77	55	はい
5	51	61	いいえ	11	65	31	はい
6	77	47	はい	12	55	35	いいえ
	m²	分			m²	分	

下図左のように、「広さ」を横軸に、「通勤時間」を縦軸に、相関図を描いてみましょう。すると、その右図のように、点を区切ることができます。

(注) ● は「いいえ」、■ は「はい」を表します。区切り方は、これ以外にも様々です。

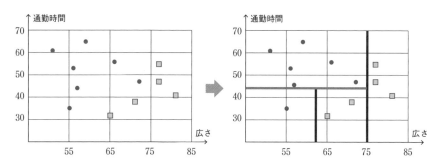

この図から、右図のような決定木（**回帰木**）を描くことができます。

問題の「広さが60m²で、通勤時間が45分」の客は、図をたどると「不購入」に行きつきます。この客に対しては、「購入しない」と予測されることになります。**(解終)**

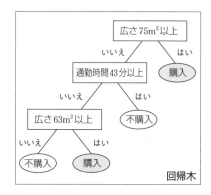

ランダムフォレストのしくみ

決定木の応用として**ランダムフォレスト**があります。ランダムフォレストは決

定木を複数集めて予測します。「決定木を集めてフォレスト（森）をつくる」とい
うイメージから、この名がつけられています。

　先の2つの例題は、データの大きさが小さく、また質問事項も少ないので、簡
単に決定木が作成できました。実際の複雑で大きなデータを扱うには、これらの
例題のように簡単には作成できません。

　そこで、次のステップでデータを分類する方法が考え出されました。

　①データからランダムに復元抽出し、複数の小データを作成します。

　②各々について、決定木を作成します。

　③各々の決定木の結果を多数決にかけたり、平均化したりします。

　このように決定木を組み合わせて利用するアイデアが「ランダムフォレスト」
です。

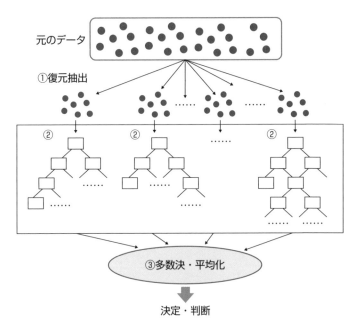

| メモ | ●アンサンブル学習 |

　複数のモデルを作成し、それらから得られる判断や識別結果を多数決や平均化で結論付
ける方法をアンサンブル学習といいます。ランダムフォレストもこのアイデアの応用のひ
とつです。

4章

「教師なし」機械学習と統計学

統計学で「外的基準のない」データ分析に対応するのが、機械学習の「教師なし学習」です。AIの分野で盛んに研究されている分野のひとつです。データから新しい「気づき」が得られるからです。

1 階層的クラスタリング

外的基準のない統計学の技法に「クラスター分析」があります。クラスター(cluster)とはブドウなどの「房」を意味しますが、似ているもの同士を「房」のように結び合わせ、データ構造を見抜く分析術です。機械学習では**クラスタリング**と呼ばれ、「教師なし学習」の分野で重宝されています。

▌2種の階層的クラスタリング

たとえば、顧客の調査データから、似た者同士(すなわち顧客層)が上手に分類し整理されたとしましょう。これを利用すれば、宣伝や販促活動を効果的に行うことができます。このような分類・整理にクラスタリングは有効な手段です。

クラスタリングの手法は大きく2つに分けられます。ひとつはクラスターの数を次第に増やしてまとめていく手法(**階層的クラスタリング**)です。もうひとつは、前もってクラスター数を決定し分類を進める手法(**非階層的クラスタリング**)です。本節では前者の「階層的クラスタリング」を調べます。

▌階層的クラスタリングの手順

「階層的クラスタリング」のイメージは「似ているモノを寄せ集める」と表現できます。結果は**デンドログラム**(樹状図)として表されます。

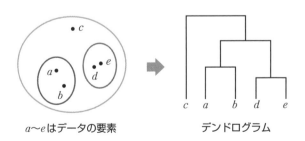

a〜eはデータの要素　　　　　デンドログラム

デンドログラムの作り方を調べましょう。

まず、データの要素やクラスターの間の距離を定義します。距離とは、要する に似ているか似ていないかの判断基準です。距離が小さければ近いこと、すなわ ち親近度が強いことを表します。

この距離が定義されたなら、次の手順を実行します。

(i) 最初に、すべての要素間の距離を求め、最も近いものを集め最初のクラス ターとする。

(ii) 新しく形成されたクラスターとその他との距離を求める。そして、全クラ スターと全要素のうち、最も近い2つを結合し、新しくクラスターを作る。

(iii)(ii)の操作を繰り返し、全体が一まとめになったなら完成です。

█ 階層的クラスタリングの具体例

次の例でこの手順を調べてみましょう。

> **例題** 右の表は社員の勤務評価データです。このと
> き、階層的クラスタリングによって社員を分類して
> みましょう。

社員	営業成績	勤務態度
a	9	2
b	7	3
c	2	9
d	9	7
e	9	9

■ 距離の定義

最初に、データの要素間の距離を定義します。ここでは、**ユークリッド距離**を 利用します。中学校の数学の教科書にある「三平方の定理」を利用して算出する 距離Dです。

$$D = \sqrt{(営業成績の差)^2 + (勤務態度の差)^2}$$

例 **例題** に示された社員aとbの距離Dを 求めてみましょう。

$$D = \sqrt{(9-7)^2 + (2-3)^2} = 2.236\cdots \fallingdotseq 2.24$$

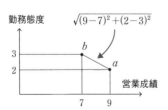

　次に、クラスターと要素、クラスター同士の距離を定義します。ここでは**最長距離法**という方法を採用しましょう。「最長距離法」とは、「クラスター C と要素との距離を、その要素とクラスター C 内の最も遠くにある要素との間の距離」と定義するのです。また、「クラスター C_1 とクラスター C_2 との距離を互いに最も離れている要素間の距離」とするのです。

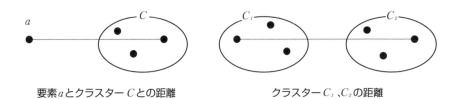

要素 a とクラスター C との距離　　　　　　クラスター C_1、C_2 の距離

> **(注)** クラスター間の距離の定義として、最長距離法以外に、**最短距離法**、**重心法**、**群平均法**が有名です。計算アルゴリズムは基本的にここで調べた方法と同じです。

■ 手順の実行

　最初に操作 (i) を実行します。すべての社員間の距離を計算し、その結果を下記の表に示しましょう。

> **(注)** 表の下半分しか埋めていないのは、たとえば a と b の距離は、b と a の距離に等しいからです。

　この表から社員 d と社員 e の距離が最小（= 2.00）なので、これらを合体し、最初のクラスター C_{de} とします。

社員	a	b	c	d
a				
b	2.24			
c	9.90	7.81		
d	5.00	4.47	7.28	
e	7.00	6.32	7.00	2.00

最小値

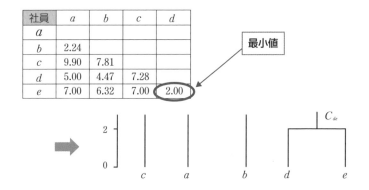

縦方向は適当な尺度に統一し、その高さで親近度を表現しています。

(注) 　社員の順番は、最後の結果が見やすくなるように並び変えています。また、左側
に距離の目盛りを入れてあります。

次に、操作(ii)に進みましょう。社員a、b、cとクラスターC_{de}との距離を計
算します。今度は社員aとbの距離が最小(=2.24)です。そこで、これらを結合
してクラスターC_{ab}としましょう。

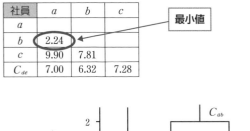

社員	a	b	c
a			
b	2.24		
c	9.90	7.81	
C_{de}	7.00	6.32	7.28

最小値

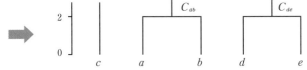

さらに操作(ii)を繰り返します。残った個体c、クラスターC_{ab}、C_{de}との距
離を計算してみます(次表の左)。するとクラスターC_{ab}、C_{cd}との距離が最小
(=7.00)なので、これらを結合してクラスター$C_{ab,cd}$としましょう。

社員	C_{ab}	c
C_{ab}		
c	9.90	
C_{de}	7.00	7.28

最小値

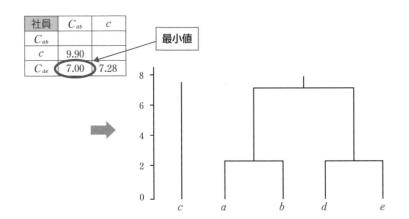

　最後に2つが残りました。最後の操作 (iii) のステップに入ります。最後に残った個体cとクラスター$C_{ab,cd}$との距離は9.90です (次表の右)。この位置に2つを結びます。

社員	$C_{ab,de}$
$C_{ab,de}$	
c	9.90

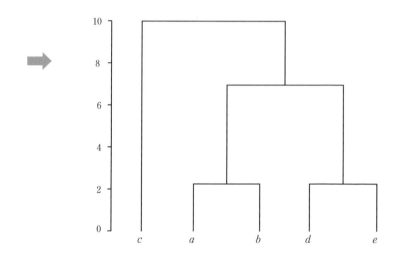

　すべてがまとめられました。これで完成です。　**(解終)**

　この図から、社員aとb、社員dとeがよく似ていることが見て取れます。このことは元のデータを見ても明らかですが、可視化されたことが大切なのです。

メモ→デンドログラム

　デンドログラム (dendrogram) は「樹形図」と訳されています。「dendro」はギリシャ語で「木」を表し、「gram」はギリシャ語で「書いたもの」「描いたもの」を表します。電報を telegram というのは、「書かれたもの」を電送するからです。

2 非階層的クラスタリングと k-means 法

「教師なし学習」として有名な**クラスタリング**の技法として、前節（本章§1）では「階層的クラスタリング」を調べました。本節では**非階層的クラスタリング**と呼ばれる技法を調べます。この技法も、古くから統計学のデータ分析技法として利用されています。

k-means 法のしくみ

非階層クラスタリングは、初めに群の個数を指定してから、データの要素を群分けする技法です。

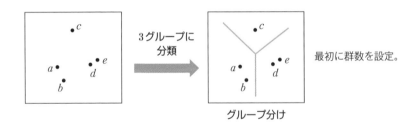

グループ分け

非階層クラスタリングの技法も様々ですが、ここでは最も有名な**k-means法**を調べます。平均値（mean）を利用して、与えられた k 個の群（クラスター）に群分けする方法です。次の手順を踏みます。

(ⅰ) 異なる k 個の要素をデータから適当に選出し、それを k 個の中心点とする。

(ⅱ) データの各要素を、最も近い中心点に所属させ、データ全体を k 個の群に分ける。

(ⅲ) (ⅱ)で作成した各群の要素の平均値を算出し、それを各群の中心点とする。そして、(ⅱ)の操作に戻る。中心点が不動になったなら、操作を終了する。

こうして得られた k 個の群が k 個のクラスターになるのです。

上の(ⅱ)(ⅲ)でいう「中心点」とは、直感的には群の重心です。また、「近い」

という距離は、通常「ユークリッド距離」(§1) を利用します。

■ k-means 法の具体例

k-means法について具体例を用いて調べることにしましょう。

例題 下の表は、8人の社員（営業マン）の勤務評定のデータです。右の図はその相関図です。このデータから、営業マンを3つのタイプに分類することを考えましょう。

社員	営業成績	勤務態度
a	1	1
b	2	1
c	2	2
d	4	4
e	4	6
f	5	5
g	1	6
h	2	7

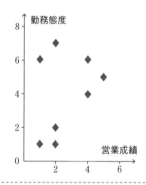

まず、上記のステップ (i) を実行します。

3つに分類したいので、適当に3人の社員を選び、「中心点」とします。ここでは、社員 b、c、f を選出することにします（図1）。

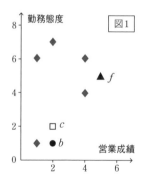

(注) 実際のデータは複雑なので、だいたいの当たりを付けて選ぶとよいでしょう。計算時間の短縮につながります。また、特異な解に帰着してしまう危険も回避できます。

これ以降は、次のページの図とその図番号を追いながら話を進めることにします。

ステップ (ii) に進みます。

図1において、各要素と選択した3点（いまは b、c、f）との距離を求め、最も近い「中心点」の群に所属させます。こうして3つの群を作ります（図2）。

続けて、ステップ（iii）に進みます。ステップ（ii）で定めた群の平均値を計算し、「中心点」を求めます。それを 図3 では×印で示しました。

　ステップ（ii）に戻ります。各要素と 図3 の「中心点」との距離を求め、最も近い「中心点」の群に所属させ直します。こうして、3つの群が作り直されました（ 図4 ）。

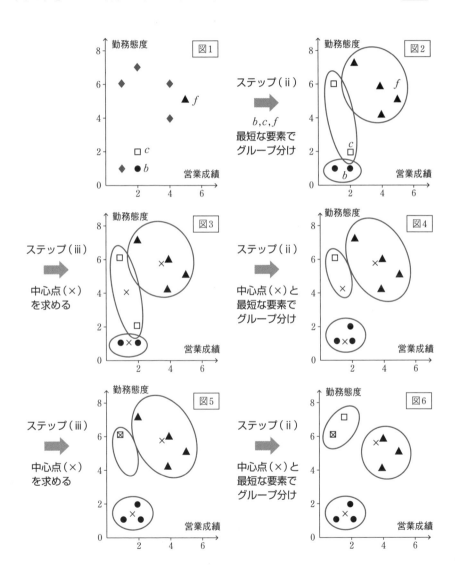

以下、同じことを繰り返します。

図4 の群の平均値を計算し（ステップ(iii)）、「中心点」を再設定します。図5 でも、それを×印で示しました。

ステップ(ii)に戻り、各要素と 図5 の「中心点」との距離を求め、最も近い「中心点」の群に所属させ直します。こうして、3つの群が作り直されました（図6 ）。

再度ステップ(iii)に進みます。図6 の群の平均値を計算し、「中心点」を再設定します。こうして得られたのが右図（図7 ）です（図7 でも中心点を×印で示しました）。

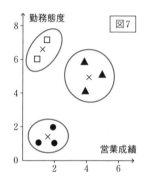

図7

この 図7 に、(ii)の操作をすると、更新前と更新後のクラスターは一致します。すなわち、これ以上再計算をしても、中心点は不動になり、クラスターは変更されません。これで計算を打ち切ります。この 図7 がk-means法によるクラスタリングの結果です。　**(解終)**

(注) 計算途上で等距離が現れたときには、どちらか適当な方に分類します。

結果の 図7 を見てください。「似たもの同士を集める」という群分けがなされているのがわかるでしょう。

以上からわかるように、「k-means」という言葉には難しい意味が含まれているわけではありません。図形的な中心（すなわち重心）は統計的には平均値（英語でmean）を表します。k-meansとは、上記のようにk個の平均値（means）をとることから、そう名付けられたのです。

メモ ━ 分類（classification）とクラスタリング（clustering）

「分類」と「クラスタリング」は似た言葉で、得られる結果を見ると区別があいまいです。しかし、機械学習の世界では明確な区別があります。「分類」は教師あり学習から結果が得られます。「クラスタリング」は教師なし学習で得られます。

3 主成分分析

多くの項目からなるデータ（すなわち多変量データ）について、変量を集約するとデータ解析が容易になります。それを**次元削減**といいます。その代表的な統計的手法として、**主成分分析**（principal component analysis、略して**PCA**）があります。統計学的には古典ですが、AIの分野では「教師なし学習」の機械学習ツールとして、類型分けなどに多用されています。

▌次元削減のアイデアは日常的分析術

複数の変量を集約した新変量を作り、それでデータを調べる技法が「主成分分析」です。

主成分分析は、私たちが日常行っているデータ分析手法に萌芽があります。「合計点」がそれです。

たとえば、国語、数学、英語の得点からなる学校の成績を考えてみましょう。学校では、これら3教科の得点を単純に合計したものを「合計点」と呼び、その大小で成績を比較します。

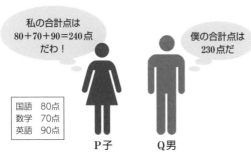

名前	国語	数学	英語	合計点
...	...	...	...	...
...	...	...	...	...
P子	80	70	90	240
Q男	60	90	80	230
...	...	...	...	...

この「合計点」は、3つの教科という変量を1つの合成変量「合計点」に置き換えてデータ分析をするわけです。これが次元削減の考え方です。

▌変量の合成の原理

　子供の学力を見るのに単純な「合計点」を用いるのは慣習であり、根拠がありません。分析に根拠を与えて、変量を合成するのが主成分分析です。その合成の根拠は次の基準です。

一つひとつの個体が最もバラバラになるような変量の和を作る

　データを構成する個体が重なっていては、その個体の個性をつかむことができません。そこで、できるだけ個々のデータがよく見えるように変量の和を取るのです。このような新変量を作成すれば、個性が際立ち、個体の特徴が見やすくなります。
　このイメージは次の図のように表されます。

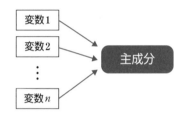

変数1〜nを1つの合成変量「主成分」にまとめ、それでデータ解析するのが主成分分析。多変量解析では、このような図を**パス図**という。

　難しそうに思われるかもしれませんが、直感的には簡単な話です。データをリンゴの集まりに見立ててみましょう（下図左）。
　リンゴを平面的に並べられているとき、x軸やy軸の方向から見ると、8つのリンゴが固まって見え、個性が見えない場合があります（下図中央と右）。

x軸側から見た図　　　y軸側から見た図

ところが、新たな別の方向pを探し（次図左）、そこからリンゴを見てみましょう。その右の図のように、一つひとつがバラバラに見え、よく個性がわかります。

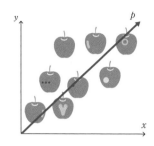

p軸側から見た図

見る方向を変えると、個々の個性がよく観察できることがある。

このように、全体をよく見通せる新たな変量pを合成しようとするのが、主成分分析です。そして、得られた合成変量を**主成分**と呼びます。

このリンゴの例では、2次元（すなわち平面状）が1次元（すなわち直線状）に削減されます。そこで、このような数学的な手法を「次元削減」と呼ぶのです。

ところで、「一つひとつの個体が最もバラバラになるような変量の和」ということは、統計学的には「分散が最大になるような変量の和」ということです。分散とは散らばりの大きさを表現する指標だからです。こうして、目標が定まりました。

分散が最大になるように新変量を合成する

これが主成分分析の基本原理です。それでは、例題を通して具体的に主成分の求め方を調べましょう。

メモ──●機械学習の数学的な表現には線形代数の知識が必要

　本書は高校2年生の数学の知識を利用して解説を進めています。しかし、統計学や機械学習の内容を数学的に厳密に理解しようとするなら、微分法の知識と線形代数学の知識が必要になります。主成分分析はその代表でしょう（付録I参照）。統計学や機械学習のしくみだけ理解し、それ以外は市販の専用ソフトウェアを用いてデータ分析するなら、本書だけの知識で十分です。しかし、自分でデータ分析用のアプリを開発しようとするなら、やはりいま紹介した数学は不可欠です。

■ 主成分分析の具体例

次の具体例を利用して、これまでの考え方を実践してみましょう。

例題1 次の個票データは、2020年ある外資系IT会社の技術系新入社員15人の入社試験の成績です。このデータを利用して、主成分pを求めましょう。また、その解釈をしてみましょう。

社員番号	技術u	教養v	英語w	面接x
1	71	91	85	92
2	34	74	57	87
3	41	77	59	93
4	69	81	73	84
5	16	69	25	74
6	59	86	58	78
7	46	78	48	78
8	23	70	41	90
9	46	75	47	77
10	52	90	64	75
11	23	69	43	74
12	37	74	45	90
13	52	81	62	89
14	63	87	79	90
15	39	80	62	75

上の個票データに示したように、専門、教養、英語、面接に変量名u、v、w、xを与えることにします。このとき、合成変量pは次のように定数a、b、c、dを重み付けした和として合成されます。

$$p = au + bv + cw + dx \cdots (1)$$

ただし、$a^2 + b^2 + c^2 + d^2 = 1 \cdots (2)$

条件式(2)は、合成変量pが際限なく大きくなることを制限するものです。重みとなる定数a、b、$\cdots$、eの値を**主成分負荷量**と呼びます。

先に調べたように、式(1)で与えられる合成変量pは分散が最大になるように決定されます。そうすることで各個体がバラバラに見え、個性が際立つ合成変量

pが作成できるからです。

■ 主成分は分散を最大にする変量合成

どのように主成分負荷量a、b、c、dの値を決定するか、調べましょう。まず合成変量pの分散$s_p{}^2$を式で示します。

$$s_p{}^2 = \frac{1}{n}\{(p_1 - \overline{p})^2 + (p_2 - \overline{p})^2 + \cdots + (p_n - \overline{p})^2\} \cdots (3)$$

ここで$\overline{p}$は合成変量(1)の平均値、nはデータの中の個体数で、いま調べているデータでは15です。また、i番目の個体の変量u、v、w、xの値を順にu_i、v_i、w_i、x_iとして、p_iは次のように定義されます。

$$p_i = au_i + bv_i + cw_i + dx_i \quad (i = 1, 2, \cdots, n(=15)) \cdots (4)$$

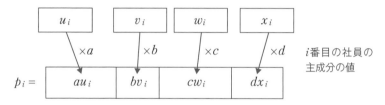

先に見たように、式(4)で与えられた分散$s_p{}^2$を最大にするように定数$a \sim d$を決定すれば、目的の合成変量が得られることになります。

■ 原理を直接用いて主成分を数値計算

目標が定まりました。分散$s_p{}^2$を最大にするように主成分負荷量a、b、c、dの値を決定するのです。最大値を求めることはコンピュータの得意とするところです(Excelによる計算例は後述)。結果は次の通りです。

$$a = 0.70、\ b = 0.28、\ c = 0.65、\ d = 0.12 \cdots (5)$$

(注) 式(3)が基本なので符号を反転させた値も解になります。ここでは、解釈がしやすい解を採用しています。

実際に、合成変量(1)を書き表してみましょう。

$$p = 0.70u + 0.28v + 0.65w + 0.12x \cdots (6)$$

これが主成分の式です。データを構成する各個体の特徴を最も顕著に示すのが、この合成変量の「主成分」pなのです。

■ 主成分の統計学的な解釈

上手なネーミングを主成分に施すと、データの理解に役立ちます。いま求めた主成分の式(6)を見てください。各変量の係数に着目すると、すべて正の値になっています。この新変量pは各変量の数値を総合的に加え合わせたものといえます。また、変量uとw、すなわち「技術」と「英語」の係数(主成分負荷量)が大きな値になっています。そこで、英語が必須の外資系IT会社の技術系社員であることを考えて、主成分pは「スキル能力」とネーミングできるでしょう。**(解終)**

▎ 寄与率

主成分は、データを構成する各個体の個性をできるだけ多く取り込んだ合成変量です。では、実際にどれだけデータの個性を主成分は取り込んでいるのでしょうか。それを具体的に示す指標が**寄与率**です。通常、ローマ字Cで表現されます。これは次のように表現されます。

$$寄与率\ C = \frac{主成分の分散}{全変量の分散の合計} \ \cdots \ (7)$$

(注) C は Contribution の頭文字。

$$C = \frac{\boxed{主成分の分散量\ s_p{}^2}}{\boxed{データの全分散量\quad s_u{}^2 + s_v{}^2 + s_w{}^2 + s_x{}^2}}$$

寄与率Cが1に近ければ、求めた主成分はデータをよく説明する代表変量になります。0に近ければ良い代表変量ではありません。

実際に寄与率を計算してみましょう(Excelを用いた計算例は右記)。

$$寄与率\ C = \frac{507.5}{261.1 + 49.2 + 228.4 + 50.5} = 0.86 \ \cdots \ (8)$$

主成分はデータの持つ個性の86%表現していることがわかります。なかなか

良い数値です。4つの変量からなるデータが1つの主成分 p で86%も説明される
のです。これが「主成分」と呼ばれる理由です。

■ コンピュータによる 例題1 の計算

　数学的な主成分の求め方については付録Iで調べます。ここでは、Excelのソ
ルバーを利用して、式(3)で与えられる合成変量 p の分散 $s_p{}^2$ を最大にする主成分
負荷量 a、b、c、d の値(5)を求めています。

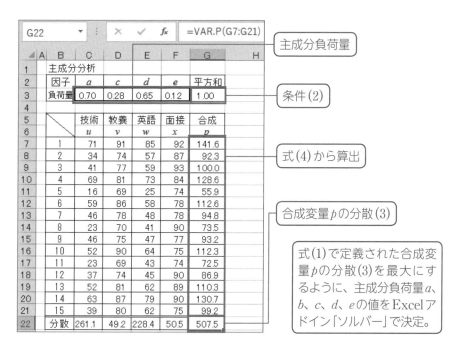

■ 第2主成分

　式(6)によって、データから主な成分、すなわち「主成分」を抽出しました。こ
の抽出はデータからの「1番搾り」なので**第1主成分**といいます。式(8)が示すよ
うに、この主成分はデータの持つ情報の86%を説明していると考えられます。
　ところで、変量が多いとき、1つの主成分が86%を説明するなどということは

稀です。そこで、第1主成分が「取りこぼした情報」の拾い方を調べましょう。それが**第2主成分**です。

> **（注）** 本節では直感的な方法で第2主成分を導出します。行列理論を利用すると、第1主成分と統一的に議論ができます。これについては、付録Iに回します。

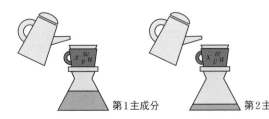

第1主成分を搾り取ったカスから第2主成分を搾り取る。

それでは、 例題1 のデータから第1主成分を取り去り、残りの搾りカスのデータを作成してみましょう。

最初に第1主成分を確認します。4変量 u、v、w、x に対して、第1主成分 p は次のように定義されています。a、b、c、d は式 (5) の値として、

$$p = au + bv + cw + dx \cdots (9)\ ((1)\text{の再掲})$$

すると、4変量 u、v、w、x からこの第1主成分 p を搾りとった「搾りカス」の変量 x'、y'、u'、v'、w' は、次の式で求められます。

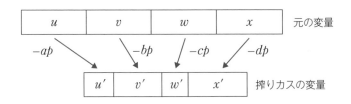

$$u' = u - ap,\ v' = v - bp,\ w' = w - cp,\ x' = x - dp \cdots (10)$$

こうして得られた「搾りカス」変量 x'、y'、u'、v'、w' のデータを求め、それを対象に再度主成分を求めれば、それが新たな主成分になります。この主成分を**第2主成分**と呼びます。以下では変量名 q で表すことにします。

> **（注）** 式 (10) の証明は線形代数の知識を用います（付録I）。

では、 例題2 、 例題3 と順を追って、この「第2主成分」を求めましょう。次の例題では、元データから第1主成分を取り除いた「搾りカス」のデータを算出します。

例題2 例題1 で与えられた元データから、第1主成分を抽出した残りの「搾りカス」データを作成しましょう。

式(10)を利用して「搾りカス」データを算出します。下図はExcelを利用した計算例です。

式(10)の「搾りカス」変量 x'、y'、u'、v'、w'の値を算出。たとえば、セル J7：$=C7-C\$3*\$G7$

例題1 の資料

式(6)を算出

| J7 | ▼ | ⋮ | × | ✓ | f_x | $=C7-C\$3*\$G7$ | | | | | | |

	A	B	C	D	E	F	G	H	I	J	K	L	M
1		主成分分析											
2		因子	a	b	c	d	平方和		因子	a'	b'	c'	d'
3		負荷量	0.70	0.28	0.65	0.12	1.00		負荷量				
4													
5			技術	教養	英語	面接	合成			技術	教養	英語	面接
6			u	v	w	x	p			u'	v'	w'	x'
7		1	71	91	85	92	141.6		1	−28	51	−7	74
8		2	34	74	57	87	92.3		2	−30	48	−3	75
9		3	41	77	59	93	100.0		3	−29	49	−6	81
10		4	69	81	73	84	128.6		4	−21	45	−10	68
11		5	16	69	25	74	55.9		5	−23	53	−11	67
12		6	59	86	58	78	112.6		6	−19	54	−15	64
13		7	46	78	48	78	94.8		7	−20	51	−13	66
14		8	23	70	41	90	73.5		8	−28	49	−7	81
15		9	46	75	47	77	93.2		9	−19	49	−13	65
16		10	52	90	64	75	112.3		10	−26	59	−9	61
17		11	23	69	43	74	72.5		11	−27	49	−4	65
18		12	37	74	45	90	86.9		12	−24	50	−11	79
19		13	52	81	62	89	110.3		13	−25	50	−10	75
20		14	63	87	79	90	130.7		14	−28	50	−6	74
21		15	39	80	62	75	99.2		15	−30	52	−2	63
22		分散	261.1	49.2	228.4	50.5	507.5						分散

（解終）

例題3 例題2 で作成した「搾りカス」データを利用して、第2主成分を抽出し
ましょう。また、それを解釈してみましょう。

例題2 で得られた「搾りカス」のデータに対して、例題1 と同じ処理を施します。すなわち、「搾りカス」変量(10)に対して、次のような合成変量(すなわち第2主成分)qを考えるのです。

$$q = a'u' + b'v' + c'w' + d'x' \cdots (11)$$

ただし、$a'^2 + b'^2 + c'^2 + d'^2 = 1 \quad \cdots (12)$

例題1 と同じく、式(11)、(12)で与えられる合成変量qの分散が最大になるように定数a'、b'、c'、d'は決定されます。

下図はExcelを利用した計算例です。

式(11)から算出　　条件(12)

| N22 | | | × ✓ fx | =VAR.P(N7:N21) | | | | | | | |

	A	B	C	D	E	F	G	H	I	J	K	L	M	N
1		主成分分析												
2		因子	a	b	c	d	平方和		因子	a'	b'	c'	d'	平方和
3		負荷量	0.70	0.28	0.65	0.12	1.00		負荷量	-0.34	-0.21	0.29	0.87	1.00
4														
5			技術	教養	英語	面接	合成			技術	教養	英語	面接	合成
6			u	v	w	x	p			u'	v'	w'	x'	q
7		1	71	91	85	92	141.6		1	-28	51	-7	74	60.8
8		2	34	74	57	87	92.3		2	-30	48	-3	75	64.6
9		3	41	77	59	93	100.0		3	-29	49	-6	81	67.3
10		4	69	81	73	84	128.6		4	-21	45	-10	68	53.2
11		5	16	75	74	74	55.9		5	-23	53	-11	67	51.2
12		6	59	86	58	78	112.6		6	-19	54	-15	64	46.0
13		7	46	78	48	78	94.8		7	-20	51	-13	66	49.2
14		8	23	70	41	90	73.5		8	-28	49	-7	81	67.1
15		9	46	75	47	77	93.2		9	-19	49	-13	65	48.7
16		10	52	90	64	75	112.3		10	-26	59	-9	61	46.7
17		11	23	69	43	74	72.5		11	-27	49	-4	65	54.1
18		12	37	74	45	89	86.9		12	-24	50	-11	79	62.7
19		13	52	81	62	89	110.3		13	-25	50	-10	75	60.1
20		14	63	87	79	90	130.7		14	-20	50	-6	74	60.9
21		15	39	80	62	75	99.2		15	-30	52	-2	63	52.7
22		分散	261.1	49.2	228.4	50.5	507.5					分散		51.2

第2主成分の式(11)として定義された合成変量qの分散。これをソルバーで最大化する。

(注) 定数a'、b'、c'、d'も、第1主成分の場合と同様、**主成分負荷量**と呼ばれます。

以上のワークシートから、次のように第2主成分の主成分負荷量と、第2主成分 q が得られます。

$a' = -0.34$、$b' = -0.21$、$c' = 0.29$、$d' = 0.87$

$q = -0.34u' - 0.21v' + 0.29w' + 0.87x'$ … (13)

ところで、元の変量 u、v、w、x とは式 (10) で結ばれているので、

$u' = u - 0.70p$、$v' = v - 0.28p$、$w' = w - 0.65p$、$x' = x - 0.12p$

これを式 (13) に代入して、

$q = -0.34(u - 0.70p) - 0.21(v - 0.28p) + 0.29(w - 0.65p) + 0.87(x - 0.12p)$

展開し整理すると p が消え、次のように簡単になります。

$q = -0.34u - 0.21v + 0.29w + 0.87x$ … (14)

こうして、第2主成分 q が求められました。

(注) 式 (13) で第1主成分が消えるのは、偶然ではなく、数学的に証明されます (付録I)。

式 (14) を見ると、「面接点」の変量 x が突出して大きいことが分かります。そこで、第1主成分 p を「スキル能力」と解釈したのに対して、第2主成分 q は「プレゼン能力」と解釈できるでしょう。**(解終)**

こうして、4変量で構成された 例題1 のデータが2つの新変量「スキル能力」p、「プレゼン能力」q という2つの「能力」で評価できるようになったのです。これが最初に調べた「次元削減」の成果です。

(注) 主成分の解釈は一意的ではありません。データ分析者が決定することです。

累積寄与率

先の式 (7) で、第1主成分 p の説明能力を示す寄与率を調べました。それを C_1 で表しましょう。

第1主成分の寄与率 $C_1 = \dfrac{\text{第1主成分の分散}}{\text{全変量の分散の合計}}$

すると、第2主成分 q の寄与率 C_2 も同様に定義されます。

第2主成分の寄与率 $C_2 = \dfrac{\text{第2主成分の分散}}{\text{全変量の分散の合計}}$

第1主成分のときと同様、これは第2主成分がどれだけデータ情報を説明しているかの能力を示しています。

さて、第1主成分と第2主成分と合わせた寄与率を考えましょう。これを**累積寄与率**といいます。

累積寄与率 $C = C_1 + C_2$

この累積寄与率 C の値は、2つの主成分がデータ全体の情報をどれくらい説明しているかを示す量です。この累積寄与率の値が1に近いものであれば、第2主成分までを調べれば十分でしょう。

$$C = \frac{\boxed{第1主成分の分散量 \ C_1} \quad \boxed{第2主成分の分散量 \ C_2}}{\boxed{データの全分散量}}$$

§2で取り上げたデータについて、実際に累積寄与率を調べてみましょう。 例題3 に示したExcelのワークシートから、次のように算出されます。

累積寄与率 $C = \dfrac{507.5 + 51.2}{261.1 + 49.2 + 228.4 + 50.5} = 0.95$

p、q という2主成分は資料全体の95%を説明したことになります。

▌ 主成分得点と主成分得点プロット

データの各個体に関して、第1主成分 p、第2主成分 q の値を算出した各値を第1主成分、第2主成分に関する、**主成分得点**といいます。

主成分はデータを構成する各個体の個性を大きさに表現したものですから、主成分得点は各個体の特徴を際立たせた値になっているはずです。その特徴を可視化するのが**主成分得点プロット**です。

(注) 主成分プロットは**サンプルプロット**とも呼ばれます。

具体例で調べてみましょう。

例題4 例題1 、 例題3 で求めた2つの主成分から、主成分得点プロットを作成
しましょう。

主成分得点は式(6)、(13)から、p、qの値として求められます。

社員 番号	第1主成分の 主成分得点p	第2主成分の 主成分得点q	社員 番号	第1主成分の 主成分得点p	第2主成分の 主成分得点q
1	141.6	60.8	9	93.2	48.7
2	92.3	64.6	10	112.3	46.7
3	100.0	67.3	11	72.5	54.1
4	128.6	53.2	12	86.9	62.7
5	55.9	51.2	13	110.3	60.1
6	112.6	46.0	14	130.7	60.9
7	94.8	49.2	45	99.2	52.7
8	73.5	67.1			

(注) 主成分得点は 例題1 、 例題3 の Excel ワークシートに算出されています。

たとえば出席番号1番の社員を見てみましょう。

第1主成分得点 = 141.6、第2主成分得点 = 60.8

これら2つの値を次のように数値のペアとして表現します。

社員番号1番：(141.6, 60.8)

このようにすれば、横軸を第1主成分、縦軸を第2主成分とした座標平面上に、
この社員番号1番の社員のデータを点として表現できます。こうすることで、出
席番号1番の社員の特徴を図上の点として視覚的に把握できるようになります。
他の社員についても、同様です。全ての社員について以上の操作をしたのが次の
図です。これが主成分プロットです。

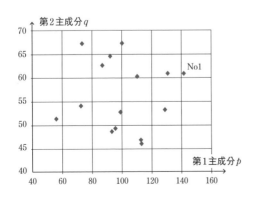

主成分得点プロット。上記1番の社
員の点にはNo1と記している。

(注) 縦軸を第1主成分にする
表記もあります。

(解終)

図でNo1と記した点を見てください。この点はいま例として挙げた番号1の社員を表します。先に調べたように、横軸は第1主成分で「スキル能力」を、縦軸は第2主成分で「プレゼン能力」を表すと考えられます。社員番号1の社員は「専門のスキルはトップですが、表現力は並である」と評価できるでしょう。

このように、図を見ながら各データ要素の個性を分析ができるのが、主成分プロットの醍醐味です。

▍主成分で変量を評価する変量プロット

主成分が求められたとき、その主成分の意味を視覚的に理解できるようにするのが**変量プロット**です。次の例題で調べてみましょう。

> **例題5** **例題1**、**例題3** で求めた主成分から、変量プロットを作成しましょう。

第1主成分と第2主成分が次のように求められています。

$$p = 0.70u + 0.28v + 0.65w + 0.12x \cdots (6) (再掲)$$
$$q = -0.34u - 0.21v + 0.29w + 0.87x \cdots (14) （再掲）$$

この第1主成分、第2主成分について、たとえば「技術」(u) の係数を見てください。0.70と -0.34 です。これを次のように表してみます。

$U(0.70, -0.34)$

他の変量についても、同様の処理をします。v、w、xの順に、

$V(0.28, -0.21)$、$W(0.65, 0.29)$、$X(0.12, 0.87)$

> **メモ → プロット（plot）**
>
> プロットは英語の plot です。plot を辞書で引くと、「陰謀」など、さまざまな意味を持ちます。コンピュータの世界では、「点を打つ」という意味でよく使われます。たとえば「プロッター」は点を印字する出力装置です。

これらをU、V、W、Xの点の「座標」と解釈します。そして、平面上にプロッ

トしてみましょう。これが **例題5** の解となる「変量プロット」です。

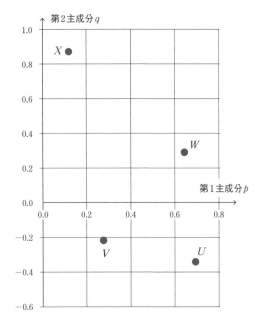

第2主成分 q

変量プロット。
横軸が第1主成分、縦軸が第2主成分。各変量がこれら主成分から見てどんな位置にあるかを示す。主成分の解釈と、それに基づいた変量の解釈を容易にする。

(注) 縦軸を第1主成分にする表記もあります。

(解終)

この図から、全ての変量が第1主成分の正の側にあることが見て取れます。先には第1主成分を「スキル能力」と命名しました。それは「技術」u と「英語」w という実践的な能力について、その主成分得点が大きいからでした。この変量プロットによって、そのことが一目瞭然です。「技術」u、「英語」w を表す点 U、W が第1主成分 p の方向の最前列にあるからです。このように、視覚的に主成分の意味を理解できるのが、変量プロットのメリットです。

メモ → 見える化

「可視化」、「見える化」は現代の情報分析のキーワードです。主成分分析について、そのための手法が「変量プロット」、「主成分得点プロット」です。作り方が容易で、解釈がしやすいのも特徴です。

主成分分析の AI 的応用例

　主成分分析は、従来から統計学の世界で活用されてきました。近年はAIの裏方としても、大活躍しています。一例を、これまで調べてきた例題を利用して、調べてみましょう。

例題6 これまで調べたのと同じ試験を受けた入社希望者がいます。その希望者の成績は次のようでした。

技術	教養	英語	面接
70	50	65	67

この社員を人事課はどう評価するべきか、調べましょう。

　例題4 と同じようにして、この入社希望者の主成分得点を算出します。式(6)、(14)から、

$$p = 0.70 \times 70 + 0.28 \times 50 + 0.65 \times 65 + 0.12 \times 67 = 113.3$$

$$q = -0.34 \times 70 - 0.21 \times 50 + 0.29 \times 65 + 0.87 \times 67 = 42.4$$

主成分得点プロットの図に、この主成分得点を重ねてみましょう。

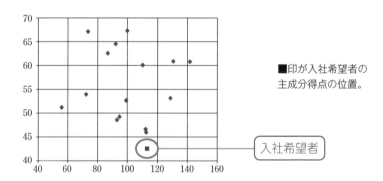

■印が入社希望者の主成分得点の位置。

入社希望者

　プロットされた位置からわかるように、第1主成分「スキル能力」は平均より上ですが、第2主成分「プレゼン能力」はかなり低い値になっています。技術力では社員として大丈夫ですが、表現力では問題がありそうです。　**(解終)**

4 数量化Ⅲ類とコレスポンデンス分析

アンケートの回答結果などのような質的データのクロス集計表について、その分析手段として有名なのが「数量化Ⅲ類」と「コレスポンデンス分析」です。統計学的には外的基準がない分析術であり、機械学習でいえば「教師なし学習」に相当します。

■ 分析対象となるデータ

例として、中堅メーカー A 社の従業員に、自動車ディーラーがアンケート調査を依頼したときの回答結果を調べましょう。次の質問はアンケート項目の一部です。

> **質問1** 買いたい車のタイプを以下から選択してください。
>
> (1) ミニバン (2) SUV (3) 軽 (4) セダン
>
> **質問2** 御自分の年齢を以下から選択してください。
>
> (1) 20代 (2) 30代 (3) 40代 (4) 50代 (5) 60代

(注) 質的データの場合、質問に相当するものを**アイテム**、質問の解答項目に相当するものを**カテゴリ**といいます（2章 §1）。

自動車を購入しようとしている従業員93人が質問に答えてくれました。下記の表は該当項目を選択した人数をクロス集計した結果です（2章 §2）。

		質問1			
		(1)ミニバン	(2)SUV	(3)軽	(4)セダン
質問2	(1)20代	5	2	11	9
	(2)30代	4	2	5	12
	(3)40代	8	5	3	3
	(4)50代	3	1	2	2
	(5)60代	1	1	8	6

【表1】コレスポンデンス分析が対象とする表の例

このようなクロス集計表から、データ分析を行うのが**コレスポンデンス分析**です。

　ちなみに、このクロス集計表の各欄が「0」と「1」のみから成り立っているとき、その表を分析する技法を**数量化Ⅲ類**といいます。

		質問1			
		(1)ミニバン	(2)SUV	(3)軽	(4)セダン
質問2	(1)20代	0	0	1	0
	(2)30代	0	0	0	1
	(3)40代	1	0	0	0
	(4)50代	1	0	0	0
	(5)60代	0	0	1	0

数量化Ⅲ類が対象にするクロス集計表の例。

　クロス集計表の形からわかるように、コレスポンデンス分析は数量化Ⅲ類を拡張した分析術と考えられます。

▌分析法の考え方

　以下では、コレスポンデンス分析について調べます。数量化Ⅲ類はその特別な場合と考えられるので、説明は省きます。

　分析の考え方は簡単です。与えられたクロス集計表のカテゴリ（すなわち質問の回答項目）を並べ替え、大きな数値が左上から右下に対角線上に並ぶようにするのです。たとえば、先のクロス集計表（【表1】）でいえば、次のように並べ替えるのです。

		質問1			
		(3)軽	(4)セダン	(1)ミニバン	(2)SUV
質問2	(5)60代	8	6	1	1
	(1)20代	11	9	5	2
	(2)30代	5	12	4	2
	(4)50代	2	2	3	1
	(5)40代	3	3	8	5

【表2】対角線上に大きな数が並ぶようにする

　こうすることで、表頭（質問1の回答項目）と表側（質問2の回答項目）の相関が大きくなり、関係が発見できるのです。

■ 具体例で分析

方針が分かったところで、具体例で調べることにしましょう。

> **例題1** 先に挙げた自動車購入のアンケート結果（【表1】）を利用して、購入し ようとしている車のタイプと年齢の関係をデータ分析してみましょう。

結論は先に示した【表2】を作成し、それを用いてデータ分析することです。ス テップを追いながら、その手順を調べることにしましょう。

■ カテゴリに重み (ウエート) を仮定

コレスポンデンス分析が対象にするクロス集計は質的データです。そこで、カテ ゴリに適切な数値を与え、量的なデータに換算します。これを**数量化**といいます。 この技法は、先に数量化Ⅰ類（3章§7）、数量化Ⅱ類（3章§8）でも調べました。

実際、これからの作業は数量化Ⅰ類、Ⅱ類と同様です。与えられた「クロス集 計表」のカテゴリに下図のように「重み」を仮定します。この重みのことを**カテゴ リウエート**と呼ぶことも、以前に調べました。

(注) カテゴリウエートは表では「ウエート」と略記します。

		質問1			
		(1) ミニバン	(2) SUV	(3) 軽	(4) セダン
	ウエート	x_1	x_2	x_3	x_4
	(1)20代 y_1	5	2	11	9
質問2	(2)30代 y_2	4	2	5	12
	(3)40代 y_3	8	5	3	3
	(4)50代 y_4	3	1	2	2
	(5)60代 y_5	1	1	8	6

表頭の「買いたい車のタイプ」にはカテゴリウエート x_1、x_2、…、x_4 を、表側 の「年齢」には y_1、y_2、…、y_5 を与えます。これらの値は未定ですが、分かった ものとして話を進めます。

■ クロス集計表から「個票」データを再現する。

カテゴリウエートを仮定したクロス集計表から、元の個票を再現してみます。

通常は個票からクロス集計表を作成するのですが（2章§2）、逆にクロス集計表から個票を作成するのです。こうすれば、個票から相関係数が算出できます。これがコレスポンデンス分析や数量化III類の計算の要となります。

			質問1			
			(1)ミニバン	(2)SUV	(3)軽	(4)セダン
		ウエート	x_1	x_2	x_3	x_4
質問2	(1)20代	y_1	5	2	11	9
	(2)30代	y_2	4	2	5	12
	(3)40代	y_3	8	5	3	3
	(4)50代	y_4	3	1	2	2
	(5)60代	y_5	1	1	8	6

個票

表位置		人数	ウエート	
行	列		質問1	質問2
1	1	5	x_1	y_1
2	1	4	x_1	y_2
3	1	8	x_1	y_3
4	1	3	x_1	y_4
5	1	1	x_1	y_5
1	2	2	x_2	y_1
2	2	2	x_2	y_2
3	2	5	x_2	y_3
4	2	1	x_2	y_4
5	2	1	x_2	y_5
1	3	11	x_3	y_1
2	3	5	x_3	y_2
3	3	3	x_3	y_3
4	3	2	x_3	y_4
5	3	8	x_3	y_5
1	4	9	x_4	y_1
2	4	12	x_4	y_2
3	4	3	x_4	y_3
4	4	2	x_4	y_4
5	4	6	x_4	y_5

たとえば、ミニバン購入を希望する20代の社員は5人で、ウエートとして x_1, y_1 が与えられる。SUV購入を希望する30代の社員は2人で、ウエートとして x_2, y_2 が与えられる。

　こうして、クロス集計表から、集計前の個票データが復元されました（ウエートは仮の値を設定しておきます）。

■ 作成した「個票」から相関係数を求める。

復元した個票データからは2変量（「問1」xと「問2」y）の相関係数が容易に算出できます（2章§4）。ところで、ウエート x_1、…、x_4、y_1、…、y_5 については、その測定単位について何も前提としていませんでした。そこで、「平均値が原点で、標準偏差を1（分散を1）」とする単位で測ることにします。すなわち、次の式を満たすようにウエートを測定するのです。

$$\overline{x} = 0、\overline{y} = 0、s_x{}^2 = 1、s_y{}^2 = 1 \cdots (1)$$

(注)「変量を標準化した」（2章§3）とも表現できます。

このように条件を付けると、相関係数（2章§4）は次のように表せます。分母の「93」は調査人数です。

$$R = \frac{1}{93}(5 \times x_1 y_1 + 4 \times x_1 y_2 + 8 \times x_1 y_3 + \cdots + 2 \times x_4 y_4 + 6 \times x_4 y_5) \cdots (2)$$

■ 相関係数が最大になるようにカテゴリウエートを決定する。

式(2)で表された相関係数 R が最大になるようにカテゴリウエート x_1、…、x_4、y_1、…、y_5 を数量化しましょう。最大化はコンピュータが得意とするところです。実際に計算してみましょう（Excelを用いた計算例は後述します）。

			質問1			
	選択肢		1	2	3	4
	選択内容		ミニバン	SUV	軽	セダン
選択肢	選択内容	ウエート	1.32	1.49	−0.78	−0.67
質問2	1	20代	−0.46	5	2	11	9
	2	30代	−0.39	4	2	5	12
	3	40代	1.75	8	5	3	3
	4	50代	0.78	3	1	2	2
	5	60代	−1.14	1	1	8	6

この表から、次のようにウエート x_1、…、x_4、y_1、…、y_5 が得られます。

$$\left. \begin{array}{l} x_1 = 1.32、x_2 = 1.49、x_3 = -0.78、x_4 = -0.67 \\ y_1 = -0.46、y_2 = -0.39、y_3 = 1.75、y_4 = 0.78、y_5 = -1.14 \end{array} \right\} \cdots (3)$$

こうして、各カテゴリが数量化されました。

■ 結果をまとめると

カテゴリウエートの大きさの順に各カテゴリを並べてみましょう。

このことを相関図でも見てみましょう。数量化されたクロス集計表から、対応する相関図を描くと、下図のように斜めに点列が密集する図となります。

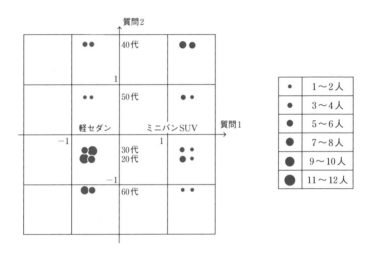

以上の並びを見ると、自動車のタイプは右に行くほど贅沢度が増します。年代においては、一般従業員に関しては、上に行くほど高給になります。このことから、先のアンケート調査は次のような当然のことを表現していると解釈できます。

「給料が高くなると、それだけ贅沢な自動車を購入したがる」 **(解終)**

大切なことは、コレスポンデンス分析や数量化Ⅲ類を利用すると、クロス集計表からは見えない結論が明らかになるということです。

┃ コンピュータによる 例題1 の計算

上記の結果をExcelのソルバーを利用して算出してみましょう。

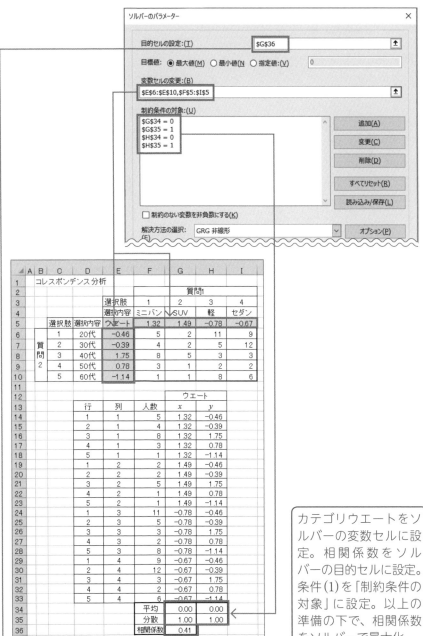

4
「教師なし」機械学習と統計学

カテゴリウエートをソルバーの変数セルに設定。相関係数をソルバーの目的セルに設定。条件(1)を「制約条件の対象」に設定。以上の準備の下で、相関係数をソルバーで最大化。

■ コレスポンデンス分析のAI的応用例

　統計学ではデータ分析が主役ですが、機械学習は応用が主役です。次の例で、統計学で有名なコレスポンデンス分析を機械学習的に応用する例を調べましょう。

> **例題2** **例題1** の結果を利用して、この会社の20代の社員に、どんなタイプの自動車を勧める（レコメンドする）のが良いでしょうか。

　並べ替えを行った結果の表を見てみましょう。

			質問1			
	選択肢		3	4	1	2
	選択内容		軽	セダン	ミニバン	SUV
選択肢	選択内容	ウエート	−0.78	−0.67	1.32	1.49
質問2　5	60代	−1.14	8	6	1	1
1	20代	−0.46	11	9	5	2
2	30代	−0.39	5	12	4	2
4	50代	0.78	2	2	3	1
3	40代	1.75	3	3	8	5

　この表から、20代の社員には価格が比較的安い「軽」、「セダン」の順に勧めると、購入される度合いが高いことが分かります。　**(解終)**

　レコメンドはAIの代表的な応用例です。コレスポンデンス分析や数量化Ⅲ類はそのための有力なツールを提供します。

> **メモ** ► **コレスポンデンス分析の数学的な計算**
>
> 　条件(1)～(3)のもとで式(4)の最小化問題を数学的に解くにはラグランジュの未定係数法を利用します（付録E）。通常、解は複数個得られますが、本節ではその中の最大の相関係数を与える解を取り上げていることになります。

付録

付録 A ソルバーの使い方

　本書では、理論の確認に、マイクロソフト社Excelを多用しています。ワークシートの上で理論の考え方がよく見えるので、統計学や機械学習の本質をつかみやすいからです。また、ほとんど読者はExcelの使用経験をお持ちと思われるからです。

　さて、統計学や機械学習において、どうしても必要になる計算が、関数の最大化と最小化、そしてそれを実現する変数の値の取得です。それを実現するのがExcel標準アドインの**ソルバー**です。この「ソルバー」の利用法を調べましょう。

┃ ソルバーの確認

　下図に示すように、Excelの「データ」リボンに「ソルバー」のメニューがあることを確認しましょう。

　(注)「ソルバー」のメニューがない場合にはインストール作業が必要です（後述のメモ参照）。

■ ソルバー利用法

　例として、次の例題をソルバーで解いてみましょう。

　例題 2変数 x、y が次の2条件

　　　$y \geqq 0 \cdots (1)$、$x^2 + y^2 = 1 \cdots (2)$

　を満たすとき、$x+y$ の最大値と、そのときの x、y の値を求めよ。

　まず、つぎのようなワークシートを用意します。

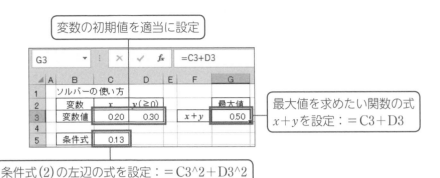

変数の初期値を適当に設定

最大値を求めたい関数の式 $x+y$ を設定：$=C3+D3$

条件式(2)の左辺の式を設定：$=C3\verb|^|2+D3\verb|^|2$

付録

次に、ソルバーを呼び出し、下図のように設定します。

最大化問題のとき、これを選択（最小化問題のときには「最小値」を選択）

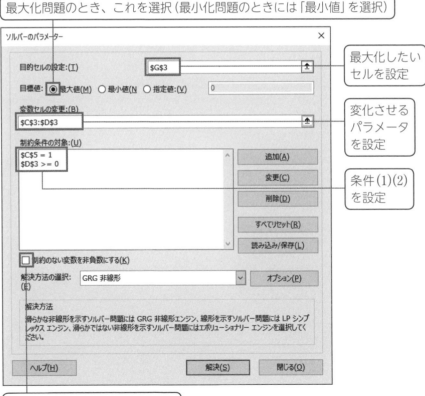

最大化したい
セルを設定

変化させる
パラメータ
を設定

条件(1)(2)
を設定

✓を外す（本書ではこれが標準）

　以上の設定後、「解決」ボタンをクリックします。こうして、目標の最大値と、そのときのx、yの値が得られます。

◢	A	B	C	D	E	F	G
1		ソルバーの使い方					
2		変数	x	$y(\geq 0)$			最大値
3		変数値	0.71	0.71		$x+y$	1.41
4							
5		条件式	1.00				

ソルバーの算出結果。

　最大最小問題をソルバーで計算する際には、変数の初期値が大切です。何回も初期値を再設定し、正しい値が得られるか確認しましょう。

メモ →「ソルバー」アドインのインストール

　「ソルバー」はExcelの標準ツールですが、インストール作業が必要のときがあります。「ファイル」メニューの「オプション」にある「アドイン」をクリックすると下図のウィンドウが開かれます。ここに「ソルバーアドイン」の項目がないときには、このボックスからインストール作業を実行します。

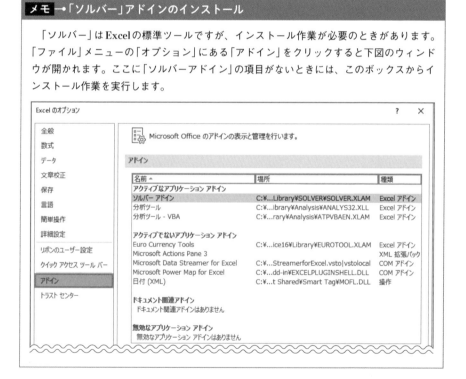

付録 B データサイエンスのための 行列の基本知識

多変量解析では行列が駆使されます。したがって、ある程度、行列についての教養が必要になります。ここでは、本書で利用する行列の知識を確認します。

■ 行列とは

行列とは数の並びで、次のように表現されます。

$$A = \begin{pmatrix} 3 & 1 & 4 \\ 1 & 5 & 9 \\ 2 & 6 & 5 \end{pmatrix}$$

横の並びを**行**、縦の並びを**列**と言います。上の例では、3行と3列からなる行列なので、**3行3列**の行列と言います。

特に、この例のように、行と列とが同数の行列を**正方行列**と言います。また、次のような行列 X、Y を順に**列ベクトル**、**行ベクトル**と呼びます。単に**ベクトル**と呼ばれることもあります。

$$X = \begin{pmatrix} 3 \\ 1 \\ 4 \end{pmatrix}, Y = (2 \quad 7 \quad 1)$$

さて、行列 A をもっと一般的に表現してみましょう。

$$A = \begin{pmatrix} a_{11} & a_{12} & a_{13} \\ a_{21} & a_{22} & a_{23} \\ a_{31} & a_{32} & a_{33} \end{pmatrix}$$

a_{ij} とは i 行 j 列に位置する値（**成分**と言います）を表します。特に、i 行 i 列の成分を**対角成分**といいます。

特に有名な正方行列として、**単位行列**があります。対角成分は1、それ以外は0の行列で、通常 E で表されます。たとえば、2行2列、3行3列の単位行列 E（**2次及び3次の単位行列**といいます）は、各々次のように表されます。

$$E = \begin{pmatrix} 1 & 0 \\ 0 & 1 \end{pmatrix}, \ E = \begin{pmatrix} 1 & 0 & 0 \\ 0 & 1 & 0 \\ 0 & 0 & 1 \end{pmatrix}$$

(注) E はドイツ語の1を表す ein の頭文字。

▌行列の相等

2つの行列 A、B が等しいということは、対応する各成分が等しいことを意味し、$A=B$ と書きます。

たとえば、$A = \begin{pmatrix} 2 & 7 \\ 1 & 8 \end{pmatrix}$, $B = \begin{pmatrix} x & y \\ u & v \end{pmatrix}$ とすると、$A=B$ は次を意味します。

$x=2$、$y=7$、$u=1$、$v=8$、

▌行列の和と差、定数倍

2つの行列 A、B の和 $\boldsymbol{A+B}$、差 $\boldsymbol{A-B}$ は、同じ位置の成分どうしの和、差と定義されます。また、行列の定数倍は、各成分を定数倍したものと定義します。次の例で、この意味を確かめてください。

例 $A = \begin{pmatrix} 2 & 7 \\ 1 & 8 \end{pmatrix}$, $B = \begin{pmatrix} 2 & 8 \\ 1 & 3 \end{pmatrix}$ のとき

$$A+B = \begin{pmatrix} 2+2 & 7+8 \\ 1+1 & 8+3 \end{pmatrix} = \begin{pmatrix} 4 & 15 \\ 2 & 11 \end{pmatrix}$$

$$A-B = \begin{pmatrix} 2-2 & 7-8 \\ 1-1 & 8-3 \end{pmatrix} = \begin{pmatrix} 0 & -1 \\ 0 & 5 \end{pmatrix}$$

$$3A = 3\begin{pmatrix} 2 & 7 \\ 1 & 8 \end{pmatrix} = \begin{pmatrix} 3\times2 & 3\times7 \\ 3\times1 & 3\times8 \end{pmatrix} = \begin{pmatrix} 6 & 21 \\ 3 & 24 \end{pmatrix}$$

▌行列の積

2つの行列 A、B の積 AB は、次のように定義されます。すなわち、A の i 行と

Bのj列の対応する成分どうしを掛け合わせた数を、i行j列の成分にした行列がABです。次の例で確かめてください。

例 $A = (2 \quad 7)$、$B = \begin{pmatrix} 3 \\ 1 \end{pmatrix}$のとき

$$AB = (2 \quad 7)\begin{pmatrix} 3 \\ 1 \end{pmatrix} = (2 \times 3 + 7 \times 1) = (13)$$

$$BA = \begin{pmatrix} 3 \\ 1 \end{pmatrix}(2 \quad 7) = \begin{pmatrix} 3 \times 2 & 3 \times 7 \\ 1 \times 2 & 1 \times 7 \end{pmatrix} = \begin{pmatrix} 6 & 21 \\ 2 & 7 \end{pmatrix}$$

例 $A = \begin{pmatrix} 2 & 7 \\ 1 & 8 \end{pmatrix}$、$B = \begin{pmatrix} 2 & 8 \\ 1 & 3 \end{pmatrix}$のとき

$$AB = \begin{pmatrix} 2 & 7 \\ 1 & 8 \end{pmatrix}\begin{pmatrix} 2 & 8 \\ 1 & 3 \end{pmatrix} = \begin{pmatrix} 2\cdot2+7\cdot1 & 2\cdot8+7\cdot3 \\ 1\cdot2+8\cdot1 & 1\cdot8+8\cdot3 \end{pmatrix} = \begin{pmatrix} 11 & 37 \\ 10 & 32 \end{pmatrix}$$

$$BA = \begin{pmatrix} 2 & 8 \\ 1 & 3 \end{pmatrix}\begin{pmatrix} 2 & 7 \\ 1 & 8 \end{pmatrix} = \begin{pmatrix} 2\cdot2+8\cdot1 & 2\cdot7+8\cdot8 \\ 1\cdot2+3\cdot1 & 1\cdot7+3\cdot8 \end{pmatrix} = \begin{pmatrix} 12 & 78 \\ 5 & 31 \end{pmatrix}$$

この例で分かるように、行列では積の交換法則が成立しないのです。すなわち、

$AB \neq BA$

これが行列の最も重要な特性のひとつです。

特に、単位行列Eと、積が考えられる任意の行列Aとの積においては、次の性質が成立します。

$AE = EA = A$

単位行列は**1と同じ性質をもつ行列**なのです。

逆行列

正方行列Aに対して、次のような性質を持つ行列Xを、Aの逆行列といい、A^{-1}で表します。

$AX = XA = E$

ここで、Eは単位行列です。

例 $A = \begin{pmatrix} 1 & 2 \\ 2 & 1 \end{pmatrix}$のとき、$A^{-1} = -\dfrac{1}{3}\begin{pmatrix} 1 & -2 \\ -2 & 1 \end{pmatrix}$

実際、計算で確かめてみましょう。

$$AA^{-1} = \begin{pmatrix} 1 & 2 \\ 2 & 1 \end{pmatrix} \cdot \left(-\frac{1}{3}\right)\begin{pmatrix} 1 & -2 \\ -2 & 1 \end{pmatrix} = \begin{pmatrix} 1 & 0 \\ 0 & 1 \end{pmatrix}$$

$$A^{-1}A = -\frac{1}{3}\begin{pmatrix} 1 & -2 \\ -2 & 1 \end{pmatrix}\begin{pmatrix} 1 & 2 \\ 2 & 1 \end{pmatrix} = \begin{pmatrix} 1 & 0 \\ 0 & 1 \end{pmatrix}$$

全ての正方行列に対して、逆行列が存在するとは限りません。逆行列を持つ行列のことを**正則行列**と呼びます。

▌行列式

正方行列の各行から列番号の異なる成分を1組取り出し、それらの積に符号を付けた値を考えます。取り出し方の全ての組み合わせについて、その値を加え合わせたものを、その行列の**行列式**(determinant)といいます。その際、符号は自然数の並びを偶数回入れ替えて得られた組み合わせについては+を、そうでないときには−を採用します。

行列Aの行列式は、記号$|A|$で表すのが一般的です。

文章にしてもわかりにくいので、具体例で示してみましょう。

例 $A = \begin{pmatrix} 2 & 7 \\ 1 & 8 \end{pmatrix}$ のとき、$|A| = 2 \times 8 - 7 \times 1 = 9$

例 $B = \begin{pmatrix} 3 & 1 & 4 \\ 1 & 5 & 9 \\ 2 & 6 & 5 \end{pmatrix}$ のとき、

$|B| = 3 \times 5 \times 5 + 1 \times 9 \times 2 + 4 \times 1 \times 6 - 4 \times 5 \times 2 - 1 \times 1 \times 5 - 3 \times 9 \times 6 = -90$

▌転置行列

行列Aのi行j列にある値をj行i列に置き換えて得られた行列を、元の行列Aの**転置行列**(transposed matrix)といいます。本書では、^tAで表現しています。

例 $A = \begin{pmatrix} 2 & 7 \\ 1 & 8 \end{pmatrix}$ のとき、$^tA = \begin{pmatrix} 2 & 1 \\ 7 & 8 \end{pmatrix}$

例 $B = \begin{pmatrix} 1 \\ 2 \end{pmatrix}$ のとき、${}^t B = (1 \quad 2)$

(注) 転置行列の記法は様々で、文献によって異なります。

メモ ● Excelと行列計算

Excelには、行列計算のための関数が用意されています。たとえば、次のような関数が挙げられます。

関数	内容
MMULT	2つの行列の積の計算
MINVERSE	行列の逆行列の計算
MDETERM	行列式の計算
TRANSPOSE	転置行列の計算

行列の関数をワークシートに埋め込むには注意が必要です。**配列関数**と呼ばれる特殊な入力が必要になることがあるからです。すなわち、まず範囲を選択してから配列関数式を入力し、式の入力が終了したなら、**Ctrl**キーと**Shift**キーとを同時に押しながら、**Enter**キーを押し確定します。

付録 C データサイエンスのための固有値問題

分散共分散行列や相関行列は対称行列です。統計学や機械学習では、その対称行列の性質をフルに利用します。この性質について調べてみましょう。

分散共分散行列と相関行列は対称行列

分散共分散行列と相関行列は、**対称行列**です。たとえば1行3列目と3行1列目は同じ値なのです。この特徴が、多変量解析の理論の数学的な支えとなります。

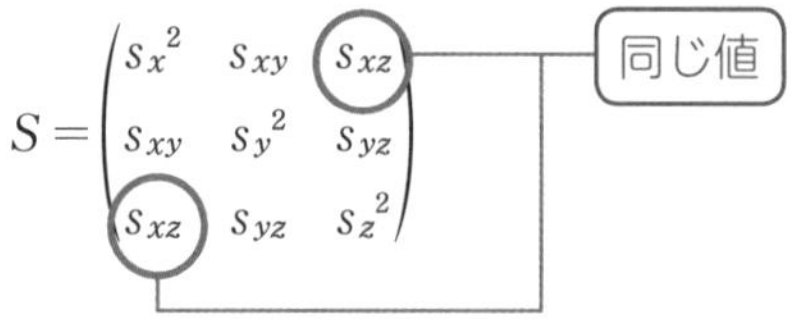

$$S = \begin{pmatrix} s_x{}^2 & s_{xy} & s_{xz} \\ s_{xy} & s_y{}^2 & s_{yz} \\ s_{xz} & s_{yz} & s_z{}^2 \end{pmatrix}$$

同じ値

固有値は実数、固有ベクトルは直交

正方行列Aにおいて、次の方程式を満たす数λと、列ベクトルuを考えます。

$Au = \lambda u \ \cdots (1)$

ベクトルuの成分が「全て0」ではないとき、数値λを**固有値**、ベクトルuをその固有値に対する**固有ベクトル**といいます。そして、固有値と固有ベクトルを求める問題を**固有値問題**と呼びます。

上記のように、統計学や機械学習で扱う行列のほとんどは対称行列です。そこで、これから先は式(1)の正方行列Aは対称行列とします。このとき、次の性質が成立します。

（イ）固有値は実数

（ロ）異なる固有値に対する固有ベクトルは、互いに直交する。

以上（イ）、（ロ）の意味を、次の例で確かめてみましょう。

例1 $A = \begin{pmatrix} 1 & 2 \\ 2 & 1 \end{pmatrix}$ の固有値問題を解き、性質(イ)、(ロ)を確かめましょう。

まず固有値問題(1)を解いてみます。

$$\begin{pmatrix} 1 & 2 \\ 2 & 1 \end{pmatrix}\begin{pmatrix} x \\ y \end{pmatrix} = \lambda \begin{pmatrix} x \\ y \end{pmatrix} \quad (\lambda \text{が固有値、} \begin{pmatrix} x \\ y \end{pmatrix} \text{が固有ベクトル})$$

展開し整理すると、

$$\left. \begin{array}{l} (1-\lambda)x + 2y = 0 \\ 2x + (1-\lambda)y = 0 \end{array} \right\} \cdots (2)$$

y を消去し、次の方程式が得られます。

$$\{(1-\lambda)^2 - 4\}x = 0$$

x、y 共には0にはならない解を求めているので、式(2)から $x \neq 0$。よって、

$$(1-\lambda)^2 - 4 = 0 \quad \text{から} \quad \lambda = -1, 3 \cdots (3)$$

「固有値」λ が求められました。この固有値 λ を(2)に代入します。k を0でない定数として、

$\lambda = -1$ のとき $(x, y) = (k, -k)$

$\lambda = 3$ のとき $(x, y) = (k, k)$

こうして、「固有ベクトル」が求められました。$k \neq 0$ として、

$\lambda = -1$ のとき、$\boldsymbol{u} = \boldsymbol{u}_1 = \begin{pmatrix} k \\ -k \end{pmatrix}$、$\lambda = 3$ のとき $\boldsymbol{u} = \boldsymbol{u}_2 = \begin{pmatrix} k \\ k \end{pmatrix}$

この答から、性質(イ)、(ロ)を確かめてみましょう。

(イ)が示すように、確かに固有値 λ は実数になっています。

(ロ)が示すように、2つの固有値 -1、3に対して得られた2つの固有ベクトル $\boldsymbol{u}_1$、$\boldsymbol{u}_2$ は直交しています。実際、内積を計算して、

$$\boldsymbol{u}_1 \cdot \boldsymbol{u}_2 = k^2 - k^2 = 0$$

内積が0であることが直交条件なので、$\boldsymbol{u}_1$、$\boldsymbol{u}_2$ の直交が確かめられました。

固有ベクトルの正規化

ベクトルの大きさを1に矯正することを**正規化**といいます。固有ベクトルは正

規化しておくのが普通です。

$|u|=1$

(注) ベクトルuの大きさは$|u|$で表されます。

先の **例1** でいうと、$k=\dfrac{1}{\sqrt{2}}$として、u_1、u_2を次のようにします。こうすることで、$|u_1|=|u_2|=1$となり、固有ベクトルは正規化されました。

$$u_1=\begin{pmatrix}\dfrac{1}{\sqrt{2}}\\-\dfrac{1}{\sqrt{2}}\end{pmatrix},\ u_2=\begin{pmatrix}\dfrac{1}{\sqrt{2}}\\\dfrac{1}{\sqrt{2}}\end{pmatrix}\cdots(4)$$

▌スペクトル分解

対称行列の固有値は実数であり、異なる固有値に対する固有ベクトルは直交することを確かめました。この性質を利用すると、対称行列が正規化された固有ベクトルで展開できます。

たとえば **例1** で用いた対称行列について確かめてみましょう。

例2 $A=\begin{pmatrix}1&2\\2&1\end{pmatrix}$を固有ベクトルで展開してみよう。

固有値(3)と固有ベクトル(4)を用いて、次のように行列Aは展開されます。

$$A=\begin{pmatrix}1&2\\2&1\end{pmatrix}=(-1)\begin{pmatrix}\dfrac{1}{\sqrt{2}}\\-\dfrac{1}{\sqrt{2}}\end{pmatrix}\begin{pmatrix}\dfrac{1}{\sqrt{2}}&-\dfrac{1}{\sqrt{2}}\end{pmatrix}+3\begin{pmatrix}\dfrac{1}{\sqrt{2}}\\\dfrac{1}{\sqrt{2}}\end{pmatrix}\begin{pmatrix}\dfrac{1}{\sqrt{2}}&\dfrac{1}{\sqrt{2}}\end{pmatrix}$$

一般的に、対称行列Aの異なる固有値をλ_1、λ_2、λ_3、…、正規化された固有ベクトルを順にu_1、u_2、u_3、…とすると、次のように対称行列Aが展開されます。

$$A=\lambda_1 u_1{}^t u_1+\lambda_2 u_2{}^t u_2+\lambda_3 u_3{}^t u_3+\cdots$$

この展開を**スペクトル分解**といいます。主成分分析における第n主成分の数学的な意味付けは、この公式に依拠します(付録I)。

付録 D データサイエンスのための微分の基礎知識

機械学習が「自ら学習する」ということの数学的な意味は、訓練データに合致するようにモデルのパラメータを決定することです。そのためには微分の計算が不可欠です。本書の本文では、この微分の知識は仮定していません。しかし以下の付録の解説では多少数学を利用します。本節ではそのための準備をします。

(注) 本書で考える関数は十分滑らかな関数とします。

微分の定義と意味

関数 $y = f(x)$ に対して**導関数** $f'(x)$ は次のように定義されます。

$$f'(x) = \lim_{\Delta x \to 0} \frac{f(x + \Delta x) - f(x)}{\Delta x} \quad \cdots (1)$$

(注) Δ は「デルタ」と発音されるギリシャ文字で、ローマ字の D に対応します。なお、関数や変数に ′（プライム記号）を付けると、導関数を表します。

「$\lim_{\Delta x \to 0}$（Δx の式）」とは次のことを意味します。

「数 Δx を限りなく 0 に近づけたとき、（Δx の式）の近づく値」

与えられた関数 $f(x)$ の導関数 $f'(x)$ を求めることを「関数 $f(x)$ を**微分する**」といいます。

式 (1) では関数 $y = f(x)$ の導関数を $f'(x)$ で表現しましたが、異なる表記法があります。次のように分数形式で表現するのです。

$$f'(x) = \frac{dy}{dx}$$

機械学習で頻出する関数の微分公式

導関数を求めるのに定義式 (1) を利用するのは稀です。普通は公式を利用します。統計学や機械学習で用いられる関数について、よく利用される微分公式を示

しましょう（変数を x とし、c を定数とします）。

$$(c)' = 0、(x)' = 1、(x^2)' = 2x、(e^x)' = e^x$$

ニューラルネットワークの世界で重要なのがシグモイド関数の微分公式です。シグモイド関数 $\sigma(x)$ は次のように定義されます（→3章 §4）。

$$\sigma(x) = \frac{1}{1 + e^{-x}}$$

この関数の微分は次の公式を満たします。

$$\sigma'(x) = \sigma(x)(1 - \sigma(x))$$

この公式を利用すれば、実際に微分しなくても、シグモイド関数の導関数の値が関数値 $\sigma(x)$ から得られることになります。

(注) 証明は「分数関数の微分」の公式を利用します。

微分の性質

次の公式を利用すると、微分できる関数の世界が飛躍的に広がります。

$$\{f(x) + g(x)\}' = f'(x) + g'(x)、\{cf(x)\}' = cf'(x)$$

(注) 組み合わせれば、$\{f(x) - g(x)\}' = f'(x) - g'(x)$ も簡単に示せます。

この公式を微分の**線形性**と呼びます。

例1 $z = (2 - y)^2$（y が変数）のとき、
$$z' = (4 - 4y + y^2)' = (4)' - 4(y)' + (y^2)' = 0 - 4 + 2y = -4 + 2y$$

多変数関数

機械学習の計算には数十万にも及ぶ変数が現れることがあります。そこで、そのような関数に必要な「多変数の関数」の知識について調べましょう。

式(1)では、関数として独立変数が1つの場合を考えました。このように、変数が1つの関数を**1変数関数**といいます。

1変数関数 $y=f(x)$ において、x を**独立変数**、y を**従属変数**といいます。

さて、独立変数が2つの以上の関数を考えましょう。このように独立変数が2つ以上の関数を**多変数関数**といいます。

例2 $z=x^2+y^2$ は x, y を独立変数、z を従属変数とした多変数関数。

多変数関数を視覚化するのは困難です。しかし、1変数の場合を理解していれば、その延長として理解できます。

ところで、1変数関数を表す記号として $f(x)$ などを利用しました。多変数の関数も、1変数の場合を真似て、次のように表現します。

例3 $f(x, y)$ … 2変数 x, y を独立変数とする多変数関数

例4 $f(x_1, x_2, \cdots, x_n)$ … n 変数 x_1, x_2, $\cdots$, x_n を独立変数とする多変数関数

多変数関数と偏微分

多変数関数の場合でも微分法が適用できます。ただし、変数が複数あるので、どの変数について微分するかを明示しなければなりません。この意味で、ある特定の変数について微分することを**偏微分**といいます。

たとえば、2変数 x, y から成り立つ関数 $z=f(x, y)$ を考えてみましょう。変数 x だけに着目して y は定数と考える微分を「x についての偏微分」と呼び、記号 $\dfrac{\partial z}{\partial x}$ で表します。すなわち、

$$\frac{\partial z}{\partial x}=\frac{\partial f(x, y)}{\partial x}=\lim_{\Delta x\to 0}\frac{f(x+\Delta x, y)-f(x, y)}{\Delta x}$$

y についての偏微分も同様です。

$$\frac{\partial z}{\partial y}=\frac{\partial f(x, y)}{\partial y}=\lim_{\Delta y\to 0}\frac{f(x, y+\Delta y)-f(x, y)}{\Delta y}$$

簡単な例で調べてみましょう。

例5 $z=wx+b$ のとき、$\dfrac{\partial z}{\partial x}=w$、$\dfrac{\partial z}{\partial w}=x$、$\dfrac{\partial z}{\partial b}=1$

付録 E　極値条件とラグランジュの未定係数法

条件の付いた最大値・最小値を求める問題に必須の技法である**ラグランジュの未定係数法**について調べます。

▌極値条件（1変数のとき）

いま、変数xについて十分滑らかな関数$y=f(x)$を考えます。このグラフは下図のように描かれたとします。すなわち、$x=a$、$x=b$で**極値**をとっているとします。

極値とは**極大値**と**極小値**とを合わせて表現する言葉です。極大値、極小値とは局所的に見て最大値、最小値になることをいいます。

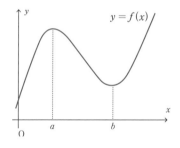

滑らかな関数$y=f(x)$において、$x=a$で関数は極大値、$x=b$で関数は極小値をとっています。

このように、関数$y=f(x)$が$x=a$や$x=b$において極値をとるとき、そのxにおける導関数の値は0となります。すなわち、

$$\frac{dy}{dx}=0 \quad (x=a、x=b のとき)\ \cdots (1)$$

これが1変数関数の**極値条件**です。

最大値、最小値は極値の特別な場合です。したがって、最大値、最小値を議論するとき、(1)はその必要条件になります。

極値条件（多変数のとき）

2変数x、yについて十分滑らかな関数$z = f(x, y)$を考えます。このとき、yを固定してxだけを変数と考え、微分する場合があります。これをxについての**偏微分**といい、記号 $\dfrac{\partial z}{\partial x}$ で表します（付録D）。

いま、関数$z = f(x, y)$が下図のように点(a, b)で極値をとったとしましょう。

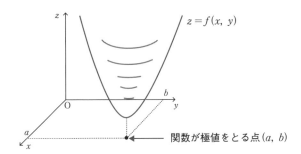

このとき、1変数のときの式(1)と同様に、次の関係が成立します。

$$\frac{\partial z}{\partial x} = 0、\quad \frac{\partial z}{\partial y} = 0 \quad ((x, y) = (a, b)のとき) \cdots (2)$$

1変量のときと同様、これは最大値、最小値のための必要条件です。

3変数以上の場合についても、(2)と同様な式が成立します。

ラグランジュの未定係数法

複数の変数がある多くの問題では、式(2)を用いて単純に最大値や最小値を求めることはできません。変数に条件が付くことが普通だからです。そこで、変数に条件が付けられたとき、式(2)をどのように変更すればよいかを調べます。このとき利用されるのが**ラグランジュの未定係数法**です。これは次のようにまとめられます。

(注) 関数のグラフは滑らかとします。

変数 x、y、$\cdots$、w が条件式 $g(x,\ y,\ \cdots,\ w) = 0$ を満たすとする。このとき、関数 $f(x,\ y,\ \cdots,\ w)$ が最大値(または最小値)をとるなら、次の式が満たされる。

$$\frac{\partial L}{\partial x} = 0,\ \frac{\partial L}{\partial y} = 0,\ \cdots,\ \frac{\partial L}{\partial w} = 0$$

ここで

$$L = f(x,\ y,\ \cdots,\ w) - \lambda g(x,\ y,\ \cdots,\ w) \quad (\lambda \text{ は定数}) \cdots (3)$$

実際に次の例題で利用法を確かめましょう。

例 $x^2 + y^2 = 1$ のとき、$x + y$ の最大値を求めよう。

$f(x,\ y) = x + y$、$g(x,\ y) = x^2 + y^2 - 1$ とすると、この定理と形式が一致します。よって式(3)から、

$L = f(x,\ y) - \lambda g(x,\ y) = (x + y) - \lambda(x^2 + y^2 - 1)$

これから、$f(x,\ y) = x + y$ が最大のとき、

$$\frac{\partial L}{\partial x} = 1 - 2\lambda x = 0,\ \frac{\partial L}{\partial y} = 1 - 2\lambda y = 0$$

これを解いて、$x = y = \dfrac{1}{2\lambda}$

条件 $x^2 + y^2 = 1$ に代入して、$\lambda = \dfrac{1}{\sqrt{2}}$ (最大値を求めたいので、$\lambda < 0$ は省きます。)

よって、$x = y = \dfrac{1}{2\lambda} = \dfrac{1}{\sqrt{2}}$ のとき $f(x,\ y)$ の最大値は

$$f(x,\ y) = x + y = \frac{1}{\sqrt{2}} + \frac{1}{\sqrt{2}} = \sqrt{2} \quad \boxed{答}$$

(注) ラグランジュの未定係数法は最大値の必要条件を与えます。厳密には、この答が十分条件を満たすことも確認しなければいけません。

付録 F 重回帰方程式の一般的な解法

3章§2では、重回帰分析における回帰方程式の導出の原理を調べました。そこでは、回帰方程式の公式の求め方は省略しました。ここで説明変量が2変量 x、w の場合について、その導出の式変形を追ってみましょう。説明変量が3変量以上の場合についても、全く同様に算出できます。

(注) 以下で $b=0$ と置き、変量 w の項を取り去ると、単回帰分析の証明となります。

▌回帰方程式の導出

一般的に右のデータがあり、y を目的変量とし、w、x を説明変量とする回帰方程式を求める式を導出してみます。

個体番号	w	x	y
1	w_1	x_1	y_1
2	w_2	x_2	y_2
3	w_3	x_3	y_3
…	…	…	…
n	w_n	x_n	y_n

まず、回帰方程式を次のようにおきます。

$$\widehat{y} = a+bw+cx \quad (a、b、c は定数) \cdots (1)$$

すると残差平方和 E は

$$E = \{y_1-(a+bw_1+cx_1)\}^2+\{y_2-(a+bw_2+cx_2)\}^2 \\ +\cdots+\{y_n-(a+bw_n+cx_n)\}^2 \cdots (2)$$

これを最小にする a、b、c の値を求めたいので、微分の定理（付録D）から次の関係が成立します。

$$\frac{\partial E}{\partial a} = 0、\frac{\partial E}{\partial b} = 0、\frac{\partial E}{\partial c} = 0 \cdots (3)$$

この最初の式を実際に計算してみましょう。

$$\frac{\partial E}{\partial a} = -2[\{y_1-(a+bw_1+cx_1)\}+\{y_2-(a+bw_2+cx_2)\} \\ +\cdots+\{y_n-(a+bw_n+cx_n)\}] = 0$$

展開し、まとめ直してみましょう。

$$y_1+y_2+\cdots+y_n = na+b(w_1+w_2+w_n)+c(x_1+x_2+\cdots+x_n)$$

両辺をnで割ると、平均値の定義から次の式が得られます。

$$\overline{y} = a+b\overline{w}+c\overline{x} \cdots (4)$$

このことは、回帰方程式の描く平面(回帰平面)上に平均値を表す点$(\overline{w},\ \overline{x},\ \overline{y})$が存在することを表しています。

次に、式(4)からaを求め、式(1)に代入してみましょう。

$$E = \{y_1-\overline{y}-b(w_1-\overline{w})-c(x_1-\overline{x})\}^2$$
$$\cdots+\{y_n-\overline{y}-b(w_n-\overline{w})-c(x_n-\overline{x})\}^2$$

この式を利用して、式(3)の残りの微分を実行してみます。

$$\frac{\partial E}{\partial b} = -2[\{y_1-\overline{y}-b(w_1-\overline{w})-c(x_1-\overline{x})\}(w_1-\overline{w})$$
$$+\cdots+\{y_n-\overline{y}-b(w_n-\overline{w})-c(x_n-\overline{x})\}(w_n-\overline{w})] = 0$$

$$\frac{\partial E}{\partial c} = -2[\{y_1-\overline{y}-b(w_1-\overline{w})-c(x_1-\overline{x})\}(x_1-\overline{x})$$
$$+\cdots+\{y_n-\overline{y}-b(w_n-\overline{w})-c(x_n-\overline{x})\}(x_n-\overline{x})] = 0$$

展開し変量ごとにまとめて両辺をnで割ってみましょう。分散、共分散の定義から、次の式が得られます。

$$\left. \begin{array}{l} s_w^2 b+ s_{wx} c = s_{wy} \\ s_{wx} b+ s_x^2 c = s_{xy} \end{array} \right\} \cdots (5)$$

以上の式(4)、(5)が係数a、b、cを求めるための連立方程式になります。こうして、3章§2の公式(7)、(8)が証明されました。

実測値、予測値、残差の分散の関係

目的変量yと予測値$\widehat{y}$との差(すなわち誤差)をεと置きましょう(3章§1、2)。

$$y = \widehat{y} + \varepsilon \cdots (6)$$

式(1)、(4)から、

$$\overline{\varepsilon} = 0、\overline{\widehat{y}} = \overline{y} \cdots (7)$$

式(6)の両辺について分散を計算すると、式(7)と分散 $s_y{}^2$ の定義から、

$$s_y{}^2 = s_{\widehat{y}}^2 + 2s_{\varepsilon\widehat{y}} + s_\varepsilon{}^2 \cdots (8)$$

ここで、$s_{\varepsilon\widehat{y}}$ に式(1)を代入しましょう。式(7)を利用して、

$$s_{\varepsilon\widehat{y}} = \frac{1}{n}[(\varepsilon_1 - \overline{\varepsilon})(\widehat{y}_1 - \overline{y}) + \cdots + (\varepsilon_n - \overline{\varepsilon})(\widehat{y}_n - \overline{y})]$$

$$= \frac{1}{n}[\{(y_1 - \overline{y}) - b(w_1 - \overline{w}) - c(x_1 - \overline{x})\}\{b(w_1 - \overline{w}) + c(x_1 - \overline{x})\}$$

$$+ \cdots + \{(y_n - \overline{y}) - b(w_n - \overline{w}) - c(x_n - \overline{x})\}\{b(w_n - \overline{w}) + c(x_n - \overline{x})\}]$$

展開して、

$$s_{\varepsilon\widehat{y}} = b\,s_{wy} + c\,s_{xy} - b^2 s_w{}^2 - 2bc s_{wx} - c^2 s_x{}^2$$

式(5)を代入しましょう。

$$s_{\varepsilon\widehat{y}} = b(s_w{}^2 b + s_{wx} c) + c(s_{wx} b + s_x{}^2 c) - b^2 s_w{}^2 - 2bc s_{wx} - c^2 s_x{}^2 = 0$$

これを式(8)に代入して、

$$s_y{}^2 = s_{\widehat{y}}^2 + s_\varepsilon{}^2$$

こうして、次の関係が証明されました。

実測値 y の分散 $s_y{}^2 =$ 予測値 $\widehat{y}$ の分散 $s_{\widehat{y}}^2 +$ 残差 ε の分散

この関係が本文3章 §1 の式(5)です。

相関比における変動の関係

2章§5の式(4)を証明します。

一般的に右のデータを見てみます。これは、2群P、Qを対象に、ある1変量zについての個票データです。

群Pには個体番号1からmまでのn_P個($=m$個）のデータが所属し、群Qには個体番号$m+1$からnまでのn_Q個($=n-m$個）のデータが所属しています。

さて、このデータにおいて、**全変動**S_Tは次のように表せます（2章§5）。zの平均値を$\overline{z}$ で表して、

個体	z	群
1	z_1	P
2	z_2	P
...	...	...
m	z_m	P
$m+1$	z_{m+1}	Q
...	...	...
$n-1$	z_{n-1}	Q
n	z_n	Q

$$S_T = (z_1 - \overline{z})^2 + \cdots + (z_i - \overline{z})^2 \cdots + (z_m - \overline{z})^2$$
$$+ (z_{m+1} - \overline{z})^2 + \cdots + (z_j - \overline{z})^2 + \cdots + (z_n - \overline{z})^2 \cdots (1)$$

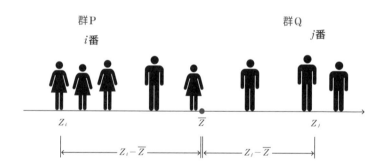

この全変動S_Tをアレンジしましょう。

群P、Qに関する変量zの平均値を各々$\overline{z}_P$、$\overline{z}_Q$とします。そして、群Pに属する個体番号iについて、次のように変形します。

$$z_i - \overline{z} = z_i - \overline{z}_P + \overline{z}_P - \overline{z} \quad (i=1、2、\cdots、m)$$

また、群Qに属する個体番号jについても、同様の変形をします。

$$z_j - \overline{z} = z_j - \overline{z}_Q + \overline{z}_Q - \overline{z} \quad (j=m+1、m+2、\cdots、n)$$

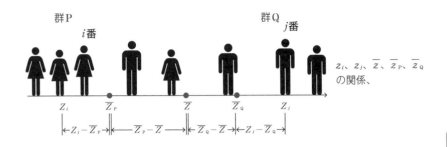

群P / i番 / 群Q / j番

z_i、z_j、$\overline{z}$、$\overline{z}_\text{P}$、$\overline{z}_\text{Q}$
の関係、

式(1)で示した全変動の各項について、以上の変形を群P、Qごとに施すと、S_T は次のように変形されます。

$$S_\text{T} = (z_1 - \overline{z}_\text{P} + \overline{z}_\text{P} - \overline{z})^2 + \cdots + (z_m - \overline{z}_\text{P} + \overline{z}_\text{P} - \overline{z})^2$$
$$+ (z_{m+1} - \overline{z}_\text{Q} + \overline{z}_\text{Q} - \overline{z})^2 + \cdots + (z_n - \overline{z}_\text{Q} + \overline{z}_\text{Q} - \overline{z})^2 \cdots (2)$$

この式の各項を次のように展開してみましょう。

$$(z_i - \overline{z}_\text{P} + \overline{z}_\text{P} - \overline{z})^2 = (z_i - \overline{z}_\text{P})^2 + 2(z_i - \overline{z}_\text{P})(\overline{z}_\text{P} - \overline{z}) + (\overline{z}_\text{P} - \overline{z})^2$$
$$(z_j - \overline{z}_\text{Q} + \overline{z}_\text{Q} - \overline{z})^2 = (z_j - \overline{z}_\text{Q})^2 + 2(z_j - \overline{z}_\text{Q})(\overline{z}_\text{Q} - \overline{z}) + (\overline{z}_\text{Q} - \overline{z})^2$$

これを式(2)に代入し次の関係を利用して整理します。

$$(z_1 - \overline{z}_\text{P}) + \cdots + (z_m - \overline{z}_\text{P}) = 0, \quad (z_{m+1} - \overline{z}_\text{Q}) + \cdots + (z_n - \overline{z}_\text{Q}) = 0$$

すると、全変動 S_T は次のように分離できることがわかります。

$$S_\text{T} = S_\text{B} + S_\text{W}$$

ここで、S_B、S_W は次のように表されます。n_P は群Pに含まれる個体数（$=m$）を、n_Q は群Qに含まれる個体数（$=n-m$）を表します。

群間変動：$S_\text{B} = n_\text{P}(\overline{z}_\text{P} - \overline{z})^2 + n_\text{Q}(\overline{z}_\text{Q} - \overline{z})^2$

群内変動：$S_\text{W} = (z_1 - \overline{z}_\text{P})^2 + \cdots + (z_m - \overline{z}_\text{P})^2 + (z_{m+1} - \overline{z}_\text{Q})^2 + \cdots + (z_n - \overline{z}_\text{Q})^2$

こうして、2章§5で調べた全変動と群間変動、群内変動の関係が得られました。

線形判別分析の数学的解法

3章§5では、線形判別分析について調べました。そこでは、しくみを見やすくするために、面倒な数学的処理を避け、Excelを利用して線形判別関数を求めました。

本付録では数学的な方法を用いて、線形判別関数を求めます。微分法と行列とを組み合わせることで、線形判別関数を統一的に求められます。

(注) 本付録Hで利用する記号の意味は3章§5と同じです。

■ ラグランジュの未定係数法を利用

次の表のような2変量x、yの個票データを考えます。

個体名	x	y	群
1	x_1	y_1	P
2	x_2	y_2	P
…	…	…	…
m	x_m	y_m	P
$m+1$	x_{m+1}	y_{m+1}	Q
…	…	…	…
n	x_n	y_n	Q

線形判別分析では、このデータから2群P、Qを判別する線形判別関数を求めるのに、相関比η^2を最大にするという原理を利用しました（3章§5）。この原理に従って、数学的に次の線形判別関数を求めましょう。

$z = ax+by+c$ （a、b、cは定数）… (1)

さて、2群P、Qに関する相関比は次のように定義されます。

相関比：$\eta^2 = \dfrac{S_B}{S_T}$ … (2)

ここで、S_B、S_T は式 (1) の変量 z に関して、次のように定義されます。

全変動　：$S_T = (z_1 - \overline{z})^2 + \cdots + (z_n - \overline{z})^2$

群間変動：$S_B = n_P (\overline{z}_P - \overline{z})^2 + n_Q (\overline{z}_Q - \overline{z})^2 \cdots (3)$

さらに、式 (1) の係数 a、b には条件がありました。変量 z の変動値が個体数 n（すなわち変量 z の分散値が 1）という次の条件 (4) です。

$$S_T = na^2 s_x{}^2 + 2nabs_{xy} + nb^2 s_y{}^2 = n \cdots (4)$$

すなわち、

$$a^2 s_x{}^2 + 2abs_{xy} + b^2 s_y{}^2 = 1 \cdots (5)$$

ところで、式 (4) の条件のもとでは、式 (2) の η^2 は次のように簡単になります。

$$\eta^2 = \frac{S_B}{n} \cdots (6)$$

さて、条件 (5) の付けられたこの相関比 η^2 の最大値問題はラグランジュの未定係数法が利用できます（付録E）。そのラグランジュの未定係数法を利用するために、λ を定数として次の関数 $F(a, b)$ を定義します。

$$F(a, b) = \eta^2 - \lambda(a^2 s_x{}^2 + 2abs_{xy} + b^2 s_y{}^2 - 1) \cdots (7)$$

すると、ラグランジュの未定係数法から、η^2 を最大にする a, b の値は、次の極値条件を満たすことが必要です。

$$\frac{\partial F}{\partial a} = 0、\frac{\partial F}{\partial b} = 0 \cdots (8)$$

さて、式 (3)、(7) より、$F(a, b)$ は次のように表せます。

$$F(a, b) = \frac{1}{n} \{n_P (\overline{z}_P - \overline{z})^2 + n_Q (\overline{z}_Q - \overline{z})^2\} - \lambda(a^2 s_x{}^2 + 2abs_{xy} + b^2 s_y{}^2 - 1)$$

式 (1) を代入して、

$$F(a, b) = \frac{1}{n} [n_P \{a(\overline{x}_P - \overline{x}) + b(\overline{y}_P - \overline{y})\}^2 + n_Q \{a(\overline{x}_Q - \overline{x}) + b(\overline{y}_Q - \overline{y})\}^2]$$
$$- \lambda(a^2 s_x{}^2 + 2abs_{xy} + b^2 s_y{}^2 - 1)$$

そこで、極値条件(8)は次のように表せます。

$$
\left.
\begin{aligned}
\frac{\partial F}{\partial a} &= 2\frac{n_P}{n}\{a(\overline{x}_P-\overline{x})+b(\overline{y}_P-\overline{y})\}(\overline{x}_P-\overline{x}) \\
&\quad +2\frac{n_Q}{n}\{a(\overline{x}_Q-\overline{x})+b(\overline{y}_Q-\overline{y})\}(\overline{x}_Q-\overline{x})-2\lambda(as_x{}^2+bs_{xy})=0 \\
\frac{\partial F}{\partial b} &= 2\frac{n_P}{n}\{a(\overline{x}_P-\overline{x})+b(\overline{y}_P-\overline{y})\}(\overline{y}_P-\overline{y}) \\
&\quad +2\frac{n_Q}{n}\{a(\overline{x}_Q-\overline{x})+b(\overline{y}_Q-\overline{y})\}(\overline{y}_Q-\overline{y})-2\lambda(as_{xy}+bs_y{}^2)=0
\end{aligned}
\right\} \cdots (9)
$$

■ 微分の結果を行列で表現

得られた結果(9)はa、bの1次方程式です。1次方程式は次のように行列で表現すると見やすくなります。

$$
\begin{pmatrix} n_P(\overline{x}_P-\overline{x})^2+n_Q(\overline{x}_Q-\overline{x})^2 & n_P(\overline{y}_P-\overline{y})(\overline{x}_P-\overline{x})+n_Q(\overline{y}_Q-\overline{y})(\overline{x}_Q-\overline{x}) \\ n_P(\overline{y}_P-\overline{y})(\overline{x}_P-\overline{x})+n_Q(\overline{y}_Q-\overline{y})(\overline{x}_Q-\overline{x}) & n_P(\overline{y}_P-\overline{y})^2+n_Q(\overline{y}_Q-\overline{y})^2 \end{pmatrix}\begin{pmatrix} a \\ b \end{pmatrix}
$$
$$
= \lambda \begin{pmatrix} ns_x{}^2 & ns_{xy} \\ ns_{xy} & ns_y{}^2 \end{pmatrix}\begin{pmatrix} a \\ b \end{pmatrix} \cdots (10)
$$

こうして固有値問題に似た問題に帰着することになりました。

(注) 固有値問題については、付録Cを参照してください。

よって、行列理論から、この方程式(10)が意味のある解を持つには次のことが必要です。

$$
\{n_P(\overline{x}_P-\overline{x})^2+n_Q(\overline{x}_Q-\overline{x})^2-\lambda ns_x{}^2\}\{n_P(\overline{y}_P-\overline{y})^2+n_Q(\overline{y}_Q-\overline{y})^2-\lambda ns_y{}^2\}
$$
$$
-\{n_P(\overline{y}_P-\overline{y})(\overline{x}_P-\overline{x})+n_Q(\overline{y}_Q-\overline{y})(\overline{x}_Q-\overline{x})-\lambda ns_{xy}\}^2=0 \cdots (11)
$$

これが式(7)で導入した未定係数λを求める方程式です。

■ 未定係数 λ は相関比

λの意味を調べるために、式(9)の両辺に行ベクトル$(a\ b)$を掛けてみます。

$$(a\ b)\begin{pmatrix} n_P\,(\overline{x}_P-\overline{x})^2+n_Q\,(\overline{x}_Q-\overline{x})^2 & n_P\,(\overline{y}_P-\overline{y})(\overline{x}_P-\overline{x})+n_Q\,(\overline{y}_Q-\overline{y})(\overline{x}_Q-\overline{x}) \\ n_P\,(\overline{y}_P-\overline{y})(\overline{x}_P-\overline{x})+n_Q\,(\overline{y}_Q-\overline{y})(\overline{x}_Q-\overline{x}) & n_P\,(\overline{y}_P-\overline{y})^2+n_Q\,(\overline{y}_Q-\overline{y})^2 \end{pmatrix}\begin{pmatrix} a \\ b \end{pmatrix}$$

$$=\lambda(a\ b)\begin{pmatrix} n s_x{}^2 & n s_{xy} \\ n s_{xy} & n s_y{}^2 \end{pmatrix}\begin{pmatrix} a \\ b \end{pmatrix}\ \cdots (12)$$

この式(12)の左辺と右辺を計算してみます。式(12)の左辺は、式(3)、(6)を利用して、

$$左辺 = n_P\,\{a(\overline{x}_P-\overline{x})+b(\overline{y}_P-\overline{y})\}^2+n_Q\,\{a(\overline{x}_Q-\overline{x})+b(\overline{y}_Q-\overline{y})\}^2$$
$$= n_P\,(\overline{z}_P-\overline{z})+n_Q\,(\overline{z}_Q-\overline{z})^2 = S_B = n\eta^2$$

式(12)の右辺は、式(4)から

$$右辺 = \lambda(na^2 s_x{}^2+2nabs_{xy}+nb^2 s_y{}^2) = n\lambda$$

すなわち、次の関係が成立します。

$$\eta^2 = \lambda \cdots (13)$$

式(7)で導入した未定係数 λ は相関比と一致するのです。

実際に λ を求めてみよう

具体的なデータで計算してましょう。本文3章§5の **例題1** を利用します。このとき、次の値が得られています。

$$\left.\begin{array}{l} n_P = 10、n_Q = 10、\overline{x} = 166.8、\overline{y} = 60.5 \\ \overline{x}_P = 158.9、\overline{y}_P = 52.7、\overline{x}_Q = 174.7、\overline{y}_Q = 68.4 \\ n = 20、s_x{}^2 = 100.5、s_{xy} = 91.6、s_y{}^2 = 116.6 \end{array}\right\}\ \cdots (14)$$

λ の方程式(11)に代入して、

$13317\lambda^2 - 8422\lambda = 0$

これを解いて、次のように λ の値が得られます。

$\lambda = 0.63、0.00$

式(13)から、λ は相関比です。目標は最大の相関比 $\eta^2\ (>0)$ を求めることなの

で、大きい方の解が採用されます。したがって、

$$\lambda = \eta^2 = 0.63 \cdots (15)$$

こうして、3章§5 **例題1** のワークシートに示した η^2 の値が得られました。

最初に調べたように、このような数学的解法のメリットは、変量数に制約されない一般的な議論ができることです。変量数が3以上の場合にも、同じ数学的な論理がそのまま適用できるのです。実際、固有値問題に似た式(10)は容易に3変量以上に拡張できます。

さらに、数学的な解法を用いることで、式(15)のように、相関比の数学的な意味も解明できました。

▌線形判別関数を求めてみよう

式(14)、(15)の値を式(10)に代入してみましょう。

$$\begin{pmatrix} 1245.0 & 1238.7 \\ 1238.7 & 1232.5 \end{pmatrix} \begin{pmatrix} a \\ b \end{pmatrix} = 0.63 \begin{pmatrix} 2010.7 & 1832.1 \\ 1832.1 & 2331.7 \end{pmatrix} \begin{pmatrix} a \\ b \end{pmatrix}$$

これを展開し整理すると、

$$26.5a - 80.1b = 0 \cdots (16)$$

また、式(5)に式(14)の数値を代入して次の式が得られます。

$$100.5a^2 + 183.2ab + 116.6b^2 = 1 \cdots (17)$$

式(16)、(17)を連立方程式として解くと、次の解が得られます。

$$a = 0.076、b = 0.025 \cdots (18)$$

3章§5の **例題1** の解答と同一の値が得られました。こうして、ラグランジュの未定係数法と行列の理論を組み合わせて、より一般的に線形判別関数が得られるのです。

(注1) 式(1)の定数項 c の求め方は§4と同一なので、省略します。

(注2) (16)、(17)の2式を満たす解に、式(18)と符号の異なるもうひとつの解が存在します。ここでは a が正符号の解を採用しました。a として負の符号を採用しても、実質的な結果は同じになります。

付録 I 主成分分析の数学的な取り扱い

主成分を求めるのに、本文では表計算ソフトウェアExcelを用いてきました。ここでは、多くの文献がそうしているように、数学を用いて主成分を求めてみます。数学を用いると、理論を統一的に鳥瞰することができます。

主成分の求め方の復習

主成分の求め方を復習しましょう。話を具体化するために、本文(4章§3)と同じく4変量u、v、w、xの場合を考えます。

まず、求める主成分pの形を示します。

$$p = au + bv + cw + dx \quad (a、b、c、d は定数) \cdots (1)$$

この合成変量pの係数a、b、c、dは、このpの分散が最大になるように決められます。ここで面倒なのは、定数a、b、c、dが次の条件(2)を満たす必要があることです。

$$a^2 + b^2 + c^2 + d^2 = 1 \cdots (2)$$

最大にしたい主成分pが有限に収まるようにするための条件です。この条件のもとで、数学的に定数a、b、c、dはどのように決められるのでしょうか。このとき利用されるのが**ラグランジュの未定係数法**です。

(注) ラグランジュの未定係数法については付録Eに解説します。

ラグランジュの未定係数法を応用

では、ラグランジュの未定係数法を用いて、主成分を数学的に求めましょう。この方法のメリットは第1主成分、第2主成分、…が一気に得られることです。また、数学の力を借りることで、主成分の様々な性質が一般的に証明できること

です。

　最大値を求めたい関数は主成分の分散 $s_p{}^2$ です。n を個体数として、

$$s_p{}^2 = \frac{1}{n}\{(p_1 - \overline{p})^2 + (p_2 - \overline{p})^2 + \cdots + (p_n - \overline{p})^2\} \cdots (3)$$

　これは a、b、$\cdots$、e の関数です。実際、$p_i\,(i=1、2、\cdots、n)$ は次のように式 (1) から求めた主成分の値（すなわち主成分得点）です。

$$p_i = au_i + bv_i + cw_i + dx_i \cdots (4)$$

　また、$\overline{p}$ は主成分の平均値で、次のように求められます。

$$\overline{p} = a\overline{u} + b\overline{v} + c\overline{w} + d\overline{x}$$

$\overline{u}$、$\overline{v}$、$\overline{w}$、$\overline{x}$ は変量 u、v、$\cdots$、x の平均値です。

　ここで、次の関数 L を定義します。

$$L = \frac{1}{n}\{(p_1 - \overline{p})^2 + (p_2 - \overline{p})^2 + \cdots + (p_n - \overline{p})^2\} - \lambda(a^2 + b^2 + \cdots + d^2 - 1)$$

　ラグランジュの未定係数法から、式 (2) の条件のもとで式 (3) の $s_p{}^2$ が最大になるとき、a、b、c、d について次の関係が成立します。

$$\frac{\partial L}{\partial a} = 0、\quad \frac{\partial L}{\partial b} = 0、\quad \frac{\partial L}{\partial c} = 0、\quad \frac{\partial L}{\partial d} = 0 \cdots (5)$$

▌実際に微分計算

式 (5) の最初の方程式に着目してみましょう。

$$\frac{\partial L}{\partial a} = \frac{2}{n}\{(p_1 - \overline{p})(u_1 - \overline{u}) + (p_2 - \overline{p})(u_2 - \overline{u}) + \cdots + (p_n - \overline{p})(u_n - \overline{u})\} - 2\lambda a = 0$$

式 (4) を用いて { } の中を展開し、分散と共分散の定義を利用すると、

$$\frac{\partial L}{\partial a} = 2\{as_u{}^2 + bs_{uv} + cs_{uw} + ds_{ux}\} - 2\lambda a = 0$$

整理して、

$$as_u{}^2 + bs_{uv} + cs_{uw} + ds_{ux} = \lambda a$$

同様な式が式 (5) の各項から得られます。それらを行列にまとめると、次のよ

うに整理されます。

$$Su = \lambda u \cdots (6)$$

ここで、S、u は次のように定義されます。

$$S = \begin{pmatrix} s_u^2 & s_{uv} & s_{uw} & s_{ux} \\ s_{uv} & s_v^2 & s_{vw} & s_{vx} \\ s_{uw} & s_{vw} & s_w^2 & s_{wx} \\ s_{ux} & s_{vx} & s_{wx} & s_x^2 \end{pmatrix}, \quad u = \begin{pmatrix} a \\ b \\ c \\ d \end{pmatrix}$$

(注) 式(8)の正方行列 S は**分散共分散行列**と呼ばれます (2章§4)。

目標の式(6)が得られました。線形代数学で有名な**固有値問題**に帰着したのです (付録C)。λ は分散共分散行列 S の固有値、u はその固有ベクトルとなるのです。

固有値問題を解く

固有値問題(6)を解くことは、コンピュータの得意とするところです。そこで、その固有値問題(6)の解が見つけられたとしましょう。式(6)の両辺にその固有ベクトル u を転置した行ベクトル ${}^t u = (a\, b\, c\, d)$ を掛けてみます。

$${}^t u S u = \lambda {}^t u u$$

(注) ${}^t u$ は u の転置行列を表します (付録B)。

左辺を展開すると、式(3)で示された分散 $s_p{}^2$ であることがわかります。また、右辺の行列の積 ${}^t u u$ を展開すると条件(2)より 1 になります。こうして、次の式が得られます。

$$s_p{}^2 = \lambda \cdots (7)$$

この式(7)から固有値 λ の意味がわかりました。固有値 λ は主成分の分散になるのです。

■ 固有値問題の解から主成分を得る

一般的に、固有値問題(6)の解は重複を含めて4個あります。その固有値を大小順に次のように並べてみましょう。

$\lambda_1 \geqq \lambda_2 \geqq \lambda_3 \geqq \lambda_4$

(注) 一般的にn変量のときには、重複を含めてn個の解があります。理論を一般化して考えるときには、4をnと読み替えてください。

固有値λ_k ($k=1$、2、3、4)に対して、式(7)の固有ベクトルuをu_kとしましょう。その成分を次のように表すことにします。

$$u_k = \begin{pmatrix} a_k \\ b_k \\ c_k \\ d_k \end{pmatrix} \cdots (8)$$

式(7)の性質から、大きい順にk番目の固有値λ_kにはk番目に大きい分散(3)が対応するので、次の合成変量p_kが第k主成分になります。

$p_k = a_k u + b_k v + c_k w + d_k x$ ($k=1$、2、3、4)

こうして、数学的な第k主成分の求め方がわかりました。

■ 「搾りカス」の数学的な意味

4章§3では第2主成分を求めるとき、「搾りカス」というアイデアを利用しました。以上の話から、その「搾りカス」の数学的な意味が分かります。

因子負荷量a、b、c、dには条件(2)があるので、固有ベクトルuは単位ベクトルとなります。また、分散共分散行列Sは対称行列なので、付録Cで調べるスペクトル分解が応用できます。

$S = \lambda_1 u_1{}^t u_1 + \lambda_2 u_2{}^t u_2 + \lambda_3 u_3{}^t u_3 + \lambda_4 u_4{}^t u_4$

第1主成分に関する項を移項して、次の式が得られます。

$S - \lambda_1 u_1{}^t u_1 = \lambda_2 u_2{}^t u_2 + \lambda_3 u_3{}^t u_3 + \lambda_4 u_4{}^t u_4 \cdots (9)$

この左辺が「搾りカス」データに対応する分散共分散行列を表します。そして、

その「搾りカス」分散共分散行列の固有ベクトル u_2 が第2主成分の係数(すなわち主成分負荷量)になるのです。4章§3で調べた第2主成分はこのような数学的意味を持っています。

メモ→累乗法

固有ベクトルの算出法を調べましょう。対称行列 S についていえば、**累乗法**という有名な方法があります。それには式(6)、(8)を利用します。

いま、4つの成分を持つ任意のベクトル p を考えます。このベクトルは独立な4つの固有ベクトル u_1、u_2、u_3、u_4 の一次結合で一意的に表されます。

$$p = au_1 + bu_2 + cu_3 + du_4$$

この両辺に左から行列 S を掛けてみましょう。式(6)を利用して、

$$Sp = a\lambda_1 u_1 + b\lambda_2 u_2 + c\lambda_3 u_3 + d\lambda_4 u_4$$

この両辺に、左から再び S を掛けてみましょう。同様な計算から、

$$S^2 p = a\lambda_1 Su_1 + b\lambda_2 Su_2 + \cdots + d\lambda_4 Su_4 = a\lambda_1^2 u_1 + b\lambda_2^2 u_2 + \cdots + d\lambda_4^2 u_4$$

この操作を n 回繰り返すと、

$$S^n p = a\lambda_1^n u_1 + b\lambda_2^n u_2 + c\lambda_3^n u_3 + d\lambda_4^n u_4$$

$\lambda_1 > \lambda_2 > \lambda_3 > \lambda_4 (> 0)$ なので、n を大きくすると、最初の項 $a\lambda_1^n u_1$ が残りの項に比べて大きくなり、次のように近似できるようになります。

$$S^n p \fallingdotseq a\lambda_1^n u_1$$

こうして、適当なベクトル p に行列 S を何回も掛けていけば、固有ベクトル u_1 が(近似的に)求められるのです。これが「累乗法」のしくみです(2番目の固有ベクトル u_2 は式(9)を利用して求めます)。

付録 J 確率の基本とベイズの定理

ベイズ確率論で利用する確率の知識と記号について調べましょう。

▌同時確率と条件付き確率

確率の世界では、ある「事柄」Aの起こる確率を$P(A)$と表現します。この事柄のことを**事象**といいます。

さて、2つの事象A、Bを考えます。このとき、次の2種の確率$P(A \cap B)$、$P(B \mid A)$を定義します。

> $P(A \cap B)=$ 事象AとBが同時に起こる確率
> $P(B \mid A)=$ 事象Aが起こったときに事象Bが起こる確率

$P(A \cap B)$を事象A、Bの**同時確率**といいます。$P(B \mid A)$を「事象Aが起こったという条件のもとで事象Bの起こる」**条件付き確率**といいます。

(注) 高校の教科書は$P(B \mid A)$を$P_A(B)$と表現します。ちなみに、$P(A) \neq 0$と仮定します。

例1 いま、2つの壺1、2があるとします。壺1には赤玉4個、白玉1個の計5個が、壺2には赤玉2個と白玉3個の計5個が格納されています。これらの壺から玉1個を無作為に取り出す事象を考えましょう。

壺1

壺1が選択される事象をH_1、壺2が選択される事象をH_2とします。また、壺から赤玉を取り出す事象をR、白球を取り出す事象をWとします。このとき、確率の記号$P(R \cap H_1)$、$P(R \mid H_1)$の意味を確認します。

壺2

$P(R \cap H_1)=$「壺1が選択され、尚かつそこから赤玉が選択される確率」
$P(R \mid H_1)=$「壺1が選択されたとき、そこから赤玉が選択される確率」

▮ 乗法定理

条件付き確率 $P(B \mid A)$ は、定義から次のように式で書くことができます。

$$P(B \mid A) = \frac{P(A \cap B)}{P(A)} \cdots (1)$$

式(1)の両辺にP(A)を掛ければ、次の**乗法定理**が導出されます。

$$P(A \cap B) = P(A)P(B \mid A) \cdots (2)$$

次の問で、この式の意味を確認しましょう。

問1 **例1** において、確率 $P(R \mid H_1)$、$P(R \cap H_1)$ を求めましょう。ただし、壺1が取り出される確率は壺2が取り出される確率の2倍とします。

解 壺1が取り出される確率は壺2が取り出される確率の2倍なので、

$$P(H_1) = \frac{2}{3}、\ P(H_2) = \frac{1}{3} \cdots (3)$$

条件付き確率の定義から、

$$P(R \mid H_1) = \frac{4}{5} \cdots (4)$$

式(3)、(4)を乗法定理に代入して、

$$P(R \cap H_1) = P(H_1)P(R \mid H_1) = \frac{2}{3} \times \frac{4}{5} = \frac{8}{15} \cdots (5)$$

以上の式(4)(5)が解となります。**(答)**

(注) 確率の総和は1になるので、式(3)は $P(H_1) + P(H_2) = 1$ を満たします。

▮ ベイズの定理

乗法定理(2)から**ベイズの定理**が簡単に得られます。

$$P(B) \neq 0 のとき、\ P(A \mid B) = \frac{P(B \mid A)P(A)}{P(B)} \cdots (6)$$

証明 乗法定理(2)から、2つの事象A、Bについて次の式が成立します。

$$P(A \cap B) = P(A)P(B \mid A)、\ P(B \cap A) = P(B)P(A \mid B)$$

$P(A \cap B) = P(B \cap A)$なので、

$$P(B)P(A \mid B) = P(A)P(B \mid A)$$

$P(B) \neq 0$なので、$P(A \mid B)$について解けば定理(6)が得られます **(証明終)**

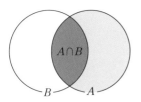

$P(A \cap B) = P(A)P(B \mid A)$

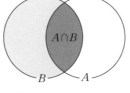

$P(B \cap A) = P(B)P(A \mid B)$

乗法定理(2)は事象A、Bについて成立する。これがベイズの定理の出発点。

■ ベイズの定理の解釈

ベイズの定理(6)は単に乗法定理を書き換えただけの公式です。この定理を応用の世界で活かすには、定理(6)の中のAを「ある仮定(Hypothesis)が成立する」ときの事象Hと解釈します。そして、Bを「結果(すなわちデータ(Data))が得られる」ときの事象Dと解釈します。その解釈がしやすいように、定理(3)の記号を次のように書き換えておきましょう。

仮定HのもとでデータDが得られるとき、次の関係が成立する。

$$P(H \mid D) = \frac{P(D \mid H)P(H)}{P(D)} \ \cdots (7)$$

式(6)のA、BをH、Dと置き換えただけの式ですが、解釈がしやすくなり実用性が増します。

書き改めたベイズの定理(7)の使い方を、次の問で確認しましょう。

問2 **例1** の2つの壺について考えます。これら2つの壺の一方を無作為に選択し、そこから玉1個を無作為に取り出したら、赤玉でした。このとき、その赤玉が壺1から取り出された確率 $P(H_1 | R)$ を求めましょう。ただし、**問1** と同様、壺1が取り出される確率は壺2が取り出される確率の2倍とします。

解 求めたい確率は $P(H_1 | R)$ と表現できます。ベイズの定理(7)から、

$$P(H_1 | R) = \frac{P(R | H_1)P(H_1)}{P(R)} \quad \cdots (8)$$

分母 $P(R)$ は「赤玉が取り出される確率」で、壺1か壺2のどちらかから取り出されるので、

$$P(R) = P(R \cap H_1) + P(R \cap H_2) = \frac{8}{15} + \frac{2}{15} = \frac{10}{15}$$

分子についても、**例1** と **問1** の結果を利用します。

$$P(R | H_1)P(H_1) = \frac{4}{5} \times \frac{2}{3}$$

以上の結果を式(8)に代入して、$P(H_1 | R) = \dfrac{\dfrac{4}{5} \times \dfrac{2}{3}}{\dfrac{10}{15}} = \dfrac{4}{5}$ **(答)**

■ ベイズの定理をアレンジ

「ベイズの定理」(7)をさらに実用的に変形してみましょう。

確率現象においては、考えられるデータの発生原因は複数あるはずです。仮にその原因が独立して3つあり、H_1、H_2、H_3 と名付けることにします。

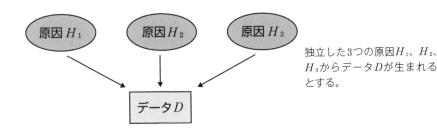

独立した3つの原因 H_1、H_2、H_3 からデータ D が生まれるとする。

　3つの原因は独立していると考えるので、データ D の得られる確率は3つの原因から生まれた確率の和になり、次のように表せます（下図）。

$$P(D) = P(D \cap H_1) + P(D \cap H_2) + P(D \cap H_3) \cdots (9)$$

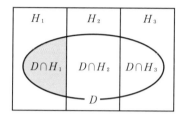

原因や仮定に重複がないとき、D は $D \cap H_1$、$D \cap H_2$、$D \cap H_3$ の3つの和で表現される。式(9)はこのことを示している。

　乗法定理(2)を適用して、

$$P(D) = P(D \mid H_1)P(H_1) + P(D \mid H_2)P(H_2) + P(D \mid H_3)P(H_3) \cdots (10)$$

（注） この関係式(10)を**全確率の定理**と呼びます。

　さて、原因 H_1 に着目してみましょう。ベイズの定理(7)に式(10)を代入すると、次の式が得られます。

$$P(H_1 \mid D) = \frac{P(D \mid H_1)P(H_1)}{P(D \mid H_1)P(H_1) + P(D \mid H_2)P(H_2) + P(D \mid H_3)P(H_3)} \cdots (11)$$

　データの原因として3つ考えた場合、データ D が原因 H_1 から得られた場合の確率を表しています。

　式(11)を次のように一般化するのは容易でしょう。

　データ D の原因として独立な原因 H_1、H_2、$\cdots$、H_n があるとします。このとき、データ D が得られたとき、その原因が H_i である確率 $P(H_i \mid D)$ は次のように表せる。

$$P(H_i \mid D) = \frac{P(D \mid H_i)P(H_i)}{P(D \mid H_1)P(H_1) + P(D \mid H_2)P(H_2) + \cdots + P(D \mid H_n)P(H_n)} \cdots (12)$$

　この式(12)がベイズの定理の実用的な公式となります。

尤度、事前確率、事後確率

本文でも調べたように(3章§9)、ベイズの理論ではベイズの定理(12)の各項を特別な名で呼びます。

右辺の分子にある $P(D \mid H_i)$ を**尤度**と呼びます。原因 H_i のもとでデータ D の現れる「尤もらしい」確率を表すからです。これは統計モデルを確定することで得られます。

その右隣にある $P(H_i)$ を原因 H_i の**事前確率**と呼びます。データ D の得られる前の確率ということでその名が付けられています。

式(12)の右辺分母は**周辺尤度**と呼ばれます。すべての原因 H_i について尤度 $P(D \mid H_i)$ の和をとって得られる確率の形をしているからです。

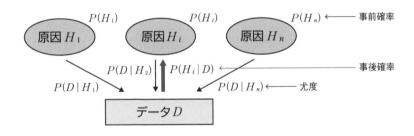

左辺にある $P(H_i \mid D)$ を原因 H_i の**事後確率**と呼びます。データ D が現れた後の確率だからです。これらの意味を次の問で確認しましょう。

問3 ある調査では、U党支持者の60%、V党支持者の30%、それ以外の人の40%、が現内閣を支持しているといいます。国民から1人を無作為に選んだところ、その人は現内閣を支持していました。その人がU党の支持者である確率を求めましょう。なお、U党、V党、それ以外の支持者の人数の割合は 4 : 2 : 4 であることが知られています。

解 式(12)において、H_1、H_2、H_3、D は次のように設定できます。

H_1：U党支持者、 H_2：V党支持者、 H_3：それ以外

D：現内閣を支持

題意から、

尤　　度：$P(D \mid H_1) = 0.6$、$P(D \mid H_2) = 0.3$、$P(D \mid H_3) - 0.4$

事前確率：$P(H_1) = 0.4$、$P(H_2) = 0.2$、$P(H_3) = 0.4$

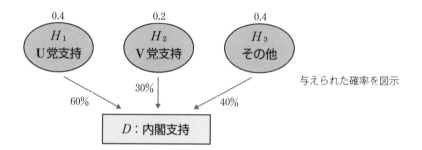

求めたい確率（事後確率）は $P(H_1 \mid D)$ と表現できるので、答は式(10)から次のように得られます。

$$P(H_1 \mid D) = \frac{0.6 \times 0.4}{0.6 \times 0.4 + 0.3 \times 0.2 + 0.4 \times 0.4} = \frac{12}{23} \fallingdotseq 52\% \quad \textbf{(答)}$$

メモ →ベイズ確率論からベイズ統計論へ

　式(12)において、原因 H_1、H_2、… を、統計モデルを規定するパラメーターと考えてみましょう。たとえば、統計学で有名な正規分布

$$\frac{1}{\sqrt{2\pi}\,\sigma} e^{-\frac{(x-\mu)^2}{2\sigma^2}} \quad (\mu \text{は平均値、} \sigma \text{は標準偏差})$$

において、平均値 μ、標準偏差 σ を、そのパラメーターと考えるのです。すると、確率の式(12)は統計学で利用できる式に変換されます。この式を利用して統計分析を進める技法が**ベイズ統計学**です。

　(注) パラメーターが連続のとき、式(12)の分母は積分で表されます。

索　引

Profile

涌井 良幸 (わくい よしゆき)

1950年、東京都生まれ。東京教育大学（現・筑波大学）数学科を卒業
後、千葉県立高等学校の教職に就く。
教職退職後はライターとして著作活動に専念。

涌井 貞美 (わくい さだみ)

1952年、東京生まれ。東京大学理学系研究科修士課程修了後、富士通、
神奈川県立高等学校教員を経て、サイエンスライターとして独立。

本書へのご意見、ご感想は、技術評論社ホームページ（http://gihyo.jp/）ま
たは以下の宛先へ、書面にてお受けしております。電話でのお問い合わせに
はお答えいたしかねますので、あらかじめご了承ください。

〒162-0846　東京都新宿区市谷左内町21-13
株式会社技術評論社　書籍編集部
『機械学習がわかる統計学入門』係
FAX：03-3267-2271

●装丁：小野貴司
●本文：BUCH⁺

きかいがくしゅう　　　　　　　とうけいがくにゅうもん

機械学習がわかる統計学入門

2021年7月22日　初版　第1刷発行

著　　者　　涌井良幸・涌井貞美
発 行 者　　片岡 巌
発 行 所　　株式会社技術評論社
　　　　　　東京都新宿区市谷左内町21-13
　　　　　　電話　03-3513-6150　販売促進部
　　　　　　　　　03-3267-2270　書籍編集部
印刷／製本　日経印刷株式会社

定価はカバーに表示してあります。